Inhaltsübersicht

Rotes Heft 8 b

Feuerwehrfahrzeuge
Teil II

Beschreibung der Hubrettungsfahrzeuge, Rüst-, Geräte-, Rettungs- und Krankentransportwagen

Eine Lehrschrift für den Feuerwehrmann von

Josef Schütz
Brandoberamtsrat a. D.

überarbeitet von
Dipl.-Ing. Dieter Schütz
Oberbrandrat

11., überarbeitete Auflage 1996

Verlag W. Kohlhammer
Stuttgart Berlin Köln

Der Verfasser ist folgenden Firmen für die Überlassung von Bildmaterial und technischen Unterlagen zu Dank verpflichtet:

Binz, Lorch
Mercedes Benz, Wörth
Heines, Haan 2
Iveco, Ulm
Metz, Karlsruhe
Miesen, Bonn
Rotzler, Steinen
Schlingmann, Dissen
Schmitz, Wilnsdorf
Ziegler, Giengen

11., überarbeitete Auflage 1996
ISBN 3-17-014285-2

Stuttgart Berlin Köln
Verlagsort: Stuttgart
Gesamtherstellung: W. Kohlhammer
Druckerei GmbH + Co. Stuttgart
Printed in Germany

Vorwort

Das Heft 8 a

„Feuerwehrfahrzeuge Teil I" enthält neben einem allgemeinen Überblick über die verschiedenen Arten und Typen der genormten Feuerwehrfahrzeuge Erläuterungen der Begriffe und allgemeine Anforderungen an Fahrgestell, Aufbau, Pumpen, Pulverlöschanlagen und Wasserbehälter.
Es werden ferner die Löschfahrzeuge und Schlauchwagen näher beschrieben, vor allem unter Berücksichtigung der neuen Fahrzeugtypen in den DIN-Normen.

Das Heft 8 b

„Feuerwehrfahrzeuge Teil II" dagegen beschreibt die Hubrettungsfahrzeuge, insbesondere die Drehleiter (Entwicklung, Begriffe, Sicherungseinrichtungen u. a. m.).
Weiterhin werden Rüst- und Gerätewagen sowie die Rettungsdienstfahrzeuge behandelt.

Mit beiden Heften hofft der Verfasser einen zusammenfassenden Überblick über die gesamte Feuerwehrfahrzeugtechnik gegeben zu haben.

Der Verfasser

1. Hubrettungsfahrzeuge (Drehleitern)

Das Hubrettungsfahrzeug, insbesondere die Drehleiter, ist in der Regel das Gerät einer Feuerwehr, das technisch am interessantesten ist und an den Maschinisten die weitaus größten Anforderungen stellt. Das gilt sowohl für die Ausbildung als auch für die seelische Belastbarkeit und Nervenstärke während eines Einsatzes bei Menschenrettung, weil es hier oft um Leben oder Tod geht. In nachstehenden Ausführungen werden

a) die allgemeine Entwicklung der Drehleiter skizziert,
b) Begriffe nach der Norm DIN 14701 erläutert,
c) Sicherheitsaufgaben und Sicherheitseinrichtungen angesprochen und
d) die technische Ausführung beschrieben.

Die erste bekannte Drehleiter wurde etwa im Jahre 1800 gebaut. Bei der Feuerwehr selbst sind Drehleitern um 1880 eingeführt worden. Wegbereiter dieser 100 Jahre zurückliegenden Tat waren vor allem die Herren Hönig und Stahl. Bei den ersten Drehleitern handelte es sich um mehrteilige Schiebleitern aus Holz, die drehbar auf einem vierrädrigen Fahrgestell für Hand- und Pferdezug aufgebaut waren und mittels Winden aufgerichtet und ausgezogen werden konnten. Die weitere Entwicklung von fahrbaren Leitern (Drehleitern) hier in Stichworten:

1893 Die erste Drehleiter mit Pferdezug.

1900 Bau der sogenannten Schappler-Drehleiter, bei der das Ausziehen des Leiterparkes durch druckluftbetätigte Teleskoprohre erfolgte. Später wurde statt Luft für die Betätigung Kohlensäure als Antrieb verwendet.

1904 Die erste maschinelle Drehleiter mit Dampfantrieb für Fahrzeug und Leiter (Bild 1).

1906 Drehleiter mit Verbrennungsmotor (Benzin-Motor) für den Fahrzeugbetrieb.

Für den Antrieb des Auszugsgetriebes wurde Kohlensäure verwendet, während das Aufrichten durch Handbetrieb erfolgte.

Die Zeit von 1907 bis 1915 ist ausgefüllt mit Versuchen, eine Drehleiter ohne Benzin-Motor für den Antrieb des Fahrzeuges und den Leiterantrieb zu bauen. Anlaß zu diesen Betrebungen waren die großen Bedenken gegen einen mit Benzin angetriebenen Motor wegen etwaiger Explosionsgefahr an der Brandstelle.

1907 Drehleiter mit elektrisch betriebenem Radnaben-Motor für den Fahrzeugantrieb. Das Aufrichten und Ausziehen des Leitersatzes wurde mittels normalem Elektro-Motor durchgeführt, wobei die elektrische Energie aus mitgeführten Akkumulatoren sichergestellt worden war.

1910 Die erste benzin-elektrisch betriebene Drehleiter.

1916 Erste Versuche mit einem Benzin-Motor, der sowohl der Fortbewegung diente als auch die Leiterbewegungen einer Drehleiter sicherstellen sollte.

Bild 1: Die erste für die Stadt Köln im Jahre 1904 hergestellte dampfangetriebene Drehleiter. Für die Fortbewegung und das Aufrichten des Leitersatzes sorgten drei Dampfmaschinen

1918 Einführung der wesentlichen Sicherheitseinrichtungen, insbesondere der des Aufrichte- und Auszugsgetriebes mittels automatischer Blockierung.

1931 Herstellung des ersten Leitersatzes aus Stahl statt Holz.

1932 Herstellung eines Leitersatzes aus Leichtmetall.

1953 Erste Drehleiter mit teil-hydraulischem Antrieb, wobei das Ausziehen der Leiter mittels Presse geschah, die über Kette und Kettenrad zwei Seiltrommeln antreibt. Die drehende Bewegung erfolgte weiterhin mit mechanischem Antrieb.

1957 Bau der höchsten Drehleiter der Welt mit 60 + 2 m Steighöhe.

1958 Einführung der voll-hydraulischen, fallhakenlosen Drehleiter mit Einzugsgetriebe, damit auch ein waagrecht oder nur wenig aufgerichteter Leitersatz eingefahren werden kann.

1961 Bau der ersten hydraulisch betriebenen Drehleiter mit maschinellem Antrieb für einen 30-kN-Kran; die Leiter konnte gleichzeitig als Beleuchtungsturm verwendet werden.

1966 Einführung des Rettungskorbes am Leiterkopf der Oberleiter und erste Drehleiter mit hydraulischer Abstützung.

1967 Einführung des auch bei Unterflur aus- und einfahrbaren Leitersatzes.

1979 Einführung einer Terrainregulierung, die den Hubrettungssatz automatisch immer waagrecht stellt, so daß der Korb sowohl im Unter- als auch im Überflurbereich immer in der Senkrechten steht.

1989 Mikrocomputer überwachen die Steuerung aller Leiterbewegungen.

1994 Vorstellung eines abknickbaren Oberleiterteiles.

1.1 Begriffe

Hubrettungsfahrzeug

Ein Hubrettungsfahrzeug besteht aus Fahrgestell, Aufbau und einem maschinell angetriebenen Hubrettungssatz mit oder ohne Rettungskorb. Mit dem Begriff Hubrettungsfahrzeug werden Drehleitern, Gelenkmaste, Teleskopmaste und ähnliche Rettungsfahrzeuge der Feuerwehr erfaßt (Bild 2).

Folgende Abkürzungen bzw. Bezeichnungen werden benutzt:

Gelenkmast	GM
Teleskopmast	TM
Leiterbühne	LB
Drehleiter mit Korb	DLK
Drehleiter ohne Korb	DL

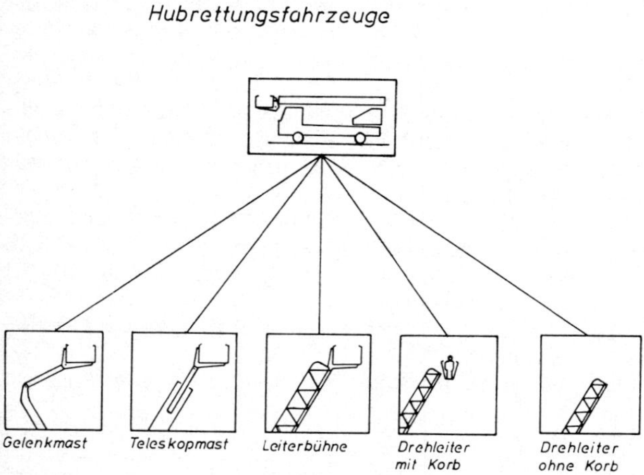

Bild 2: Hubrettungsfahrzeuge (schematische Darstellung der verschiedenen Möglichkeiten)

Kennziffern hinter der Abkürzung geben hierbei die Nenn-Rettungshöhe (1. Kennziffer) und die Nenn-Ausladung (2. Kennziffer) an.

Hubrettungssatz

Der Hubrettungssatz ist der bewegliche Teil des Hubrettungsfahrzeugs, der oberhalb des Fahrgestellrahmens liegt.

Hubrettungsausleger

Der Hubrettungsausleger (nachstehend kurz Ausleger genannt) ist ein Teil des Hubrettungssatzes. Er besteht aus mehreren Auslegerelementen, die teleskopierbar oder gelenkartig miteinander verbunden sind. Die Auslegerelemente einer Drehleiter sind der Leitersatz.

Rettungskorb

Der Rettungskorb (kurz Korb genannt) ist der Teil des Hubrettungssatzes, in dem Personen befördert werden.

Aufrichtwinkel α in Grad

Die Aufrichtwinkel sind die Winkel zwischen den jeweiligen Mittelachsen der Auslegerelemente und der Waagerechten.

Querneigungswinkel β in Grad

Der Querneigungswinkel ist der Winkel quer zum Fahrzeug zwischen der Waagerechten und der Standfläche.

Längsneigungswinkel γ in Grad

Der Längsneigungswinkel ist der Winkel in Längsrichtung des Fahrzeuges zwischen der Waagerechten und der Standfläche.

Rettungshöhe h in m

Die Rettungshöhe ist die lotrechte Höhe von der waagerechten Standfläche bis zum Boden des Korbes (ohne Korb wird die Höhe bis zur obersten Querverbindung der Leiterholme in der Sprossenebene gemessen); gemessen wird ohne Belastung.

Nenn-Rettungshöhe h_N in m

Die Nenn-Rettungshöhe ist eine bestimmte lotrechte Höhe bei Nenn-Ausladung, die bei waagerechter Standfläche bis zum Boden des Korbes ohne Belastung gemessen wird. (Ohne Korb wird die Nenn-Rettungshöhe wie die Rettungshöhe gemessen).

Ausladung l in m

Die Ausladung ist der Überhang von Fahrzeugaußenkante bis zum Lot der Außenkante des Korbbodens oder – unter Berücksichtigung der Festlegungen im Abschnitt Rettungshöhe – der Überhang von Fahrzeugaußenkante bis zum Lot der obersten Querverbindung der Leiterholme in der Sprossenebene; gemessen wird rechtwinklig zur Fahrzeuglängsachse auf waagerechter Standfläche ohne Belastung.
Sofern die Abstützung außerhalb der größten Fahrzeugbreite liegt, gilt für die Ausladung das Maß von Außenkante der belasteten Abstützung bis zum Lot.

Nenn-Ausladung l_N in m

Die Nenn-Ausladung ist eine bestimmte Ausladung bei der Nenn-Rettungshöhe; gemessen nach Abschnitt Ausladung.

Nennlast P_N in kg

Die Nennlast ist die Last, mit der der Korb oder die Spitze eines Hubrettungssatzes im Freistandsfeld bis an die für diese Last gültige Freistandsgrenze lotrecht belastet werden darf. (Abnehmbare Körbe, feste Einbauten, wie Steuerpult, Leuchten, Sprüheinrichtungen u. a. gehören zum Gerät und sind nicht als Last innerhalb der Nennlast zu werten).

Nutzlast P_L in kg

Die Nutzlast ist die Last, mit der die Auslegerelemente mit oder ohne Korb belastet werden können ohne die Standsicherheit zu gefährden.

Prüflast P_P in kg

Die Prüflast ist die Last, die für die statische und dynamische Prüfung des Hubrettungssatzes sowie für die Überlastprüfung und für die Gebrauchsprüfung vorgeschrieben ist.

Zusatzlast P_Z in kg

Die Zusatzlast ist das Gewicht der vom Hersteller zusätzlich zur Nutzlast zugelassenen Einrichtungen, wie z. B. Wenderohre, Krankentrageeinrichtungen und Halogenscheinwerfer.

Hinterachslast P_a in kg

Die Hinterachslast ist die Last, die von der oder den Hinterachse(n) im Leergewichtszustand nach DIN 70020 Teil 2 (jedoch ohne Fahrer) mit in Fahrstellung abgelegtem Hubrettungssatz auf die Standfläche übertragen wird.

Abstützkraft F in N

Die Abstützkraft ist die Kraft (bei beliebiger Stellung und Last innerhalb des Benutzungsfeldes), die beim Betrieb des Hubrettungssatzes

a) auf der entlasteten Fahrzeugseite – ohne Berücksichtigung der Vorderachslasten – auf die Standfläche übertragen wird (Abstützkraft F_e),
b) auf der belasteten Fahrzeugseite – ohne Berücksichtigung der Vorderachslasten – auf die Standfläche übertragen wird (Abstützkraft F_b).

Benutzungsfeld (Bild 3 und 4)

Das Benutzungsfeld ist der gesamte Bereich, in dem der Hubrettungssatz bewegt werden kann, ohne die Standsicherheit zu gefährden.

Benutzungsgrenze (Bild 3)

Die Benutzungsgrenze ist die jeweilige Grenze des Benutzungsfeldes.

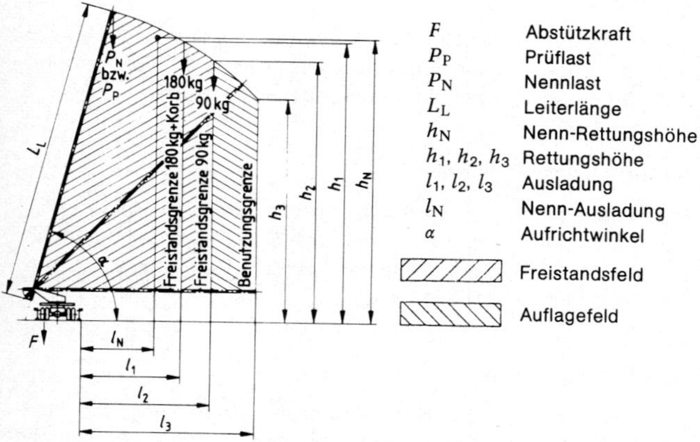

Bild 3

Freistandsfeld (Bild 3 und 4)

Das Freistandsfeld ist der Bereich innerhalb des Benutzungsfeldes, in dem der Hubrettungssatz im Freistand mit der für dieses Feld zulässigen Nutzlast belastet und maschinell bewegt werden kann, ohne die Standsicherheit zu gefährden.

Freistandsgrenze (Bild 3)

Die Freistandsgrenze ist die Grenze im Benutzungsfeld, bis zu der der Hubrettungssatz im Freistand mit der für dieses Feld zulässigen Nutzlast und Zusatzlast belastet und maschinell bewegt werden kann.

Auflagefeld (Bild 3 und 4)

Das Auflagefeld ist der Bereich zwischen Freistands- und Benutzungsgrenze, in dem der Hubrettungsausleger nur noch bei aufgelegter Spitze oder mit aufgelegtem Korb belastet werden darf.

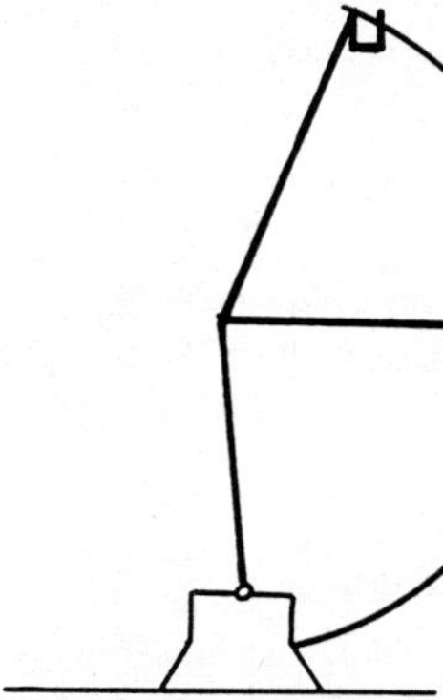

Bild 4: Beim Gelenkmast ist Freistands-, Auflage- und Benutzungsfeld gleich

Stützbreite b in m

Die Stützbreite ist der Abstand zwischen den Außenkanten zweier quer zum Fahrzeug gegenüberliegender abgelassener Stützen auf waagrechter Standfläche in Betriebsstellung des Fahrzeugs.

Rüstzeit t_R in Sekunden

Die Rüstzeit ist die Zeit, die erforderlich ist, um mit der Fahrzeugbesatzung von der Fahrstellung aus die Rettungsstelle zu erreichen. Die Rüstzeit umfaßt das Erreichen der Nennrettungshöhe bei Nennausladung 90° quer zur Fahrzeugstellung und – soweit erforderlich – das Einhängen und Betriebsbereitmachen des Korbes.

Statische Prüfung

Die statische Prüfung ist die Überprüfung der Standsicherheit von Hubrettungsfahrzeugen, deren Hubrettungssatz nicht bewegt werden darf, solange er belastet ist.

Dynamische Prüfung

Die dynamische Prüfung ist die Überprüfung der Standsicherheit von Hubrettungsfahrzeugen, deren Hubrettungssatz auch dann bewegt werden darf, wenn er belastet ist.

Statische Überlastprüfung

Die statische Überlastprüfung ist die Prüfung des Hubrettungssatzes auf bleibende Verformung. Sie ist keine Sicherheitsprüfung.

1.2 Sicherheitsgrundsätze

Im Einsatz der Feuerwehr ist es nicht ausreichend, daß ein Hubrettungsfahrzeug mit maschinellem Antrieb über die notwendige Rettungshöhe und Rettungsausladung verfügt, um eine Rettung eines Menschen aus einer Zwangslage oder einen Löschangriff durchzuführen, sondern die statisch zulässigen Verhältnisse zwischen Rettungslänge, Neigung und Belastung des Hubrettungssatzes müssen jederzeit dem Maschinisten leicht erkennbar gemacht und mögliche Bedienungsfehler, die zum instabilen Gleichgewicht führen, frühzeitig durch Bewegungsblockierung selbständig ausgeschaltet werden. Denn Sicherheit ist oberstes Gebot für jeglichen Einsatz. Damit dieses Ziel erreicht wird, hat ein Hubrettungsfahrzeug eine Vielzahl von Sicherheitseinrichtungen, die

a) nie dazu verleiten dürfen, daß die Bedienung, Wartung und Pflege und Schulung nicht mit der gebotenen Sorgfalt durchgeführt werden,
b) unsichtbare Beanspruchungen (Belastungen jeglicher Art) in den zulässigen Grenzen halten oder so erkennbar machen, daß eine Korrektur durch den Maschinisten möglich ist.

1.3 Sicherheitseinrichtungen

Sicherheitseinrichtungen teilt man ein in:

- Einrichtungen zur Schaffung der Standsicherheit
- Einrichtungen zur Erhaltung der Standsicherheit bei Endstellungen des Hubrettungsauslegers
- Einrichtungen zur ständigen Führung und zur Schaffung einer starren Verbindung der Auslegerelemente
- Einrichtung zur Überwachung der Bewegungen
- Einrichtung zur Ausschaltung negativer Einflüsse auf die Auslegerelemente durch die am Einsatzort vorherrschenden Geländeverhältnisse

- Einrichtung zur Belastungskontrolle
- Einrichtung zur Betriebskontrolle.

1.3.1 Einrichtungen zur Schaffung der Standsicherheit

Die Standsicherungen haben im wesentlichen zwei Aufgaben zu erfüllen:

1. Schaffung einer sicheren Standfläche.
2. Aufrechterhaltung des stabilen Gleichgewichtes bei unterschiedlichen Belastungen.

Während die erste Aufgabe in der Regel am Fahrgestell gelöst werden muß, wird die zweite Aufgabe am Aufbau (Hubrettungssatz) durch entsprechende Vorrichtungen sichergestellt. Durch Schaffung einer kraftschlüssigen Verbindung zwischen Fahrzeug und Standfläche unter Ausschaltung der Federwege, bedingt durch Achsfedern und Bereifung, sowie durch eine Vergrößerung der Abstützbreiten ist eine sichere Standfläche für ein Hubrettungsfahrzeug gegeben.
Um die Einwirkungen der Achsfedern und der Reifen – aber auch die Elastizität des Fahrgestellrahmens – auszuschalten, sind an

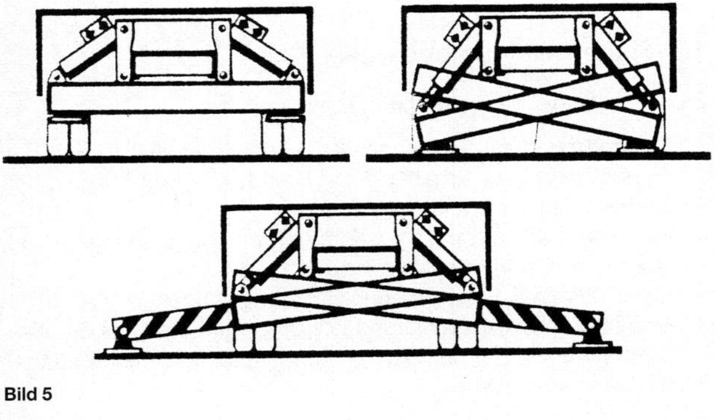

Bild 5

der Hinterachse eine Federfeststellvorrichtung und insgesamt vier Abstützungen vorhanden. Die Steuerfreigabe für den Hubrettungsausleger darf erst dann erfolgen, wenn die Federfeststellvorrichtung und die vier Abstützungen einwandfrei ausgefahren sind. Das Bild 5 zeigt die „Magirus-Varioabstützung", die neben der „Waagerecht-Senkrecht"-Abstützung der Firma Metz in Deutschland gebräuchlich ist.

1.3.2 Einrichtungen zur Erhaltung der Standsicherheit

Damit der Hubrettungssatz, der sich z. B. bei einer Drehleiter in drei Ebenen bewegt (Bild 6), immer im stabilen Gleichgewicht ist, sind für die verschiedensten Aufrichtwinkel, Auszugslängen und Drehwinkel an den Grenzen des Freistands- bzw. Benutzungsfeldes entsprechende Sperren (Blockierungen) vorhanden, die verhindern, daß der Leiterpark über die Grenzen hinaus bewegt werden kann. Ferner müssen auch vor der jeweiligen Betriebsgrenze wirksam werdende Sperren vorhanden sein, damit die Drehleiter im gesamten Benutzungsfeld verwendbar ist. Bei einer Drehleiter mit Maschinenantrieb sprechen diese Sperren an der jeweiligen Freistands- und Benutzungsgrenze selbsttätig an. Das Ansprechen der Sperren muß auch dann noch gewährleistet sein, wenn die Geländeverhältnisse unterschiedlich sind.

1.3.3 Einrichtungen zur ständigen Führung und Schaffung einer starren Verbindung der Auslegerelemente (Leitersatz)

Die sichere Führung der einzelnen Leiterteile, ohne und mit Belastung ist eine absolute Notwendigkeit. Jede unbeabsichtigte Längenveränderung muß ausgeschlossen und ein sofortiges Stillsetzen des Leitersatzes muß möglich sein. Die einzelnen Leiterteile werden durch Kunststoff-Gleitstücke und Rollen ineinandergeführt. Eine Veränderung der Leiterlänge wird durch Rücklaufsicherungen in den hydraulischen Ausschubzylindern bzw. in den hydraulischen Winden, die ggf. die am Leitersatz eingebauten

Drahtseile halten, sichergestellt. Durch Sperrblöcke bzw. Windenbremsen wird ein unbeabsichtigtes Ein- und Ausfahren des Leitersatzes verhindert. Beim Abstoppen der Bewegung schließen Rückschlagventile, die erst beim erneuten Anfahren wieder hydraulisch geöffnet werden. Alle Einrichtungen zum Ein- oder

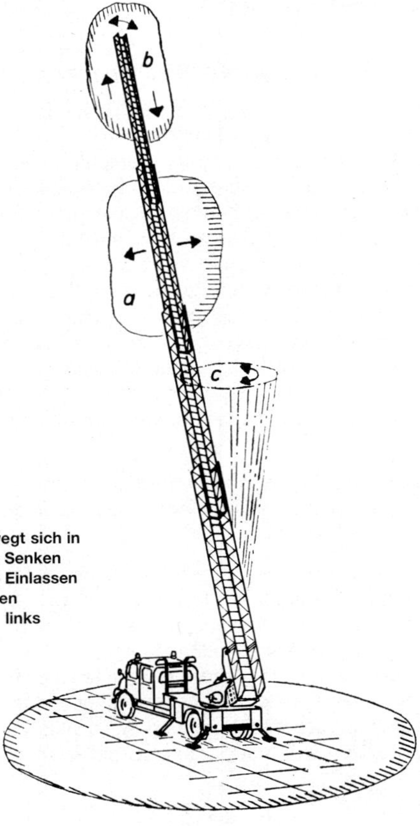

Bild 6: Drehleiter bewegt sich in
a Aufrichten – Senken
b Ausziehen – Einlassen
c Drehen
rechts links

Ausfahren des Leitersatzes sind doppelt vorhanden, wobei jede für sich so ausgelegt ist, daß sie allein den Leitersatz halten kann.

1.3.4 Einrichtungen zur Überwachung der Bewegungen des Hubrettungssatzes (Leitersatz)

Es sind Einrichtungen notwendig, die dann wirksam werden, wenn beim

Aufrichten – Ablegen
Ausziehen – Einziehen bzw.
Einlassen und Drehen nach rechts und links

der Hubrettungssatz auf einen bestimmten Widerstand – z. B. Balkon – stößt (Bilder 7 bis 11). Man spricht dann von Anstoßsicherungen. Diese Sicherungen müssen bei einer Drehleiter mit Maschinenantrieb selbsttätig ansprechen. Darüber hinaus müssen optische und/oder akustische Lastanzeigen, die bei einer beginnenden Betriebsüberlastung ansprechen, vorhanden sein.

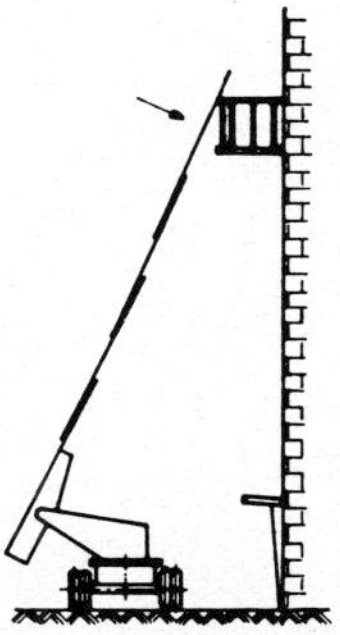

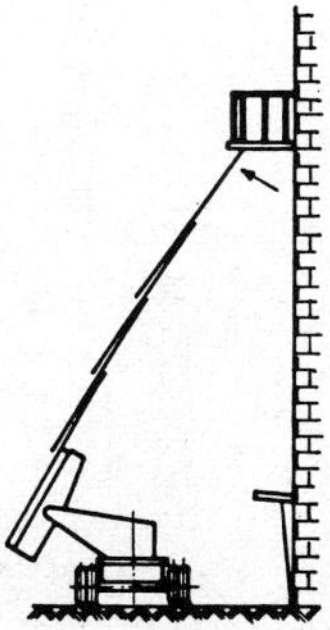

Bild 7: Beim Neigen des Leitersatzes, Anstoßen gegen einen Widerstand. Selbsttätige Unterbrechung der Leiterbewegungen durch das Neigeregelventil
Bild 8: Beim Aufrichten des Leitersatzes gegen einen Widerstand stellt die Sicherheitseinrichtung gegen Kippen die Leiter automatisch ab

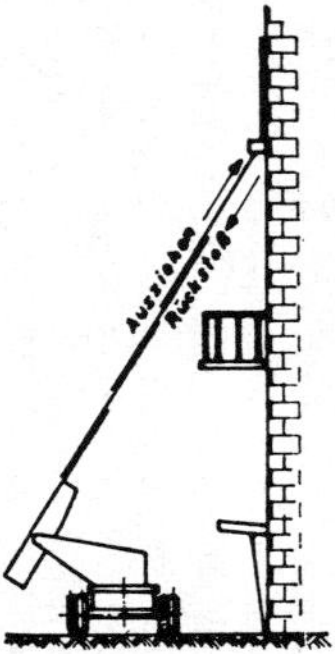

Bild 9: Das Anstoßen beim Ausziehen des Leitersatzes. Ein Überströmventil (früher Rutschkupplung) im Auszugsgetriebe unterbricht die Leiterbewegung

Bild 10: Beim Anstoßen des Leitersatzes beim Drehen nach rechts oder links, stellt z. B. ein Überströmventil im Drehgetriebe die Leiterbewegung ab

Bild 11 a: Prüfung der Anstoßsicherungen an einem Anstoßturm bei der Abnahme einer Drehleiter

Bild 11 b: **Prüfung der Anstoßsicherung „Drehen" an einem Anstoßturm. Deutlich ist die Verwindung des Leitersatzes erkennbar**

1.3.5 Einrichtungen zur Ausschaltung negativer Einflüsse auf die Auslegerelemente bei wechselnden Geländeverhältnissen

Der Leitersatz muß auch bei unterschiedlichem Gelände immer in der Senkrechten stehen, damit keine zusätzlichen Kippmomente auftreten (Bild 12 und 13). Damit das erreicht wird, hat die Drehleiter eine Seiteneinstellvorrichtung (Terrainregulierung), die das Senkrechtstellen des Leitersatzes in der Sprossenebene bis zu einem maximalen Schrägstand von 12% (entspricht 7°) sicherstellt. Bei anderen Hubrettungsfahrzeugen geschieht das über das Abstützsystem; dies ist zeitraubend und in der Regel nur quer zur Fahrtrichtung ausreichend.
Eine seitlich schiefstehende Leiter darf nicht bestiegen werden.

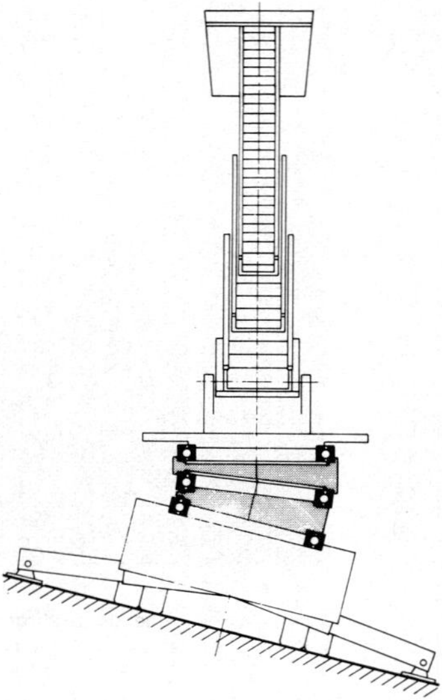

Bild 12: Leitersatz steht durch den VARIO-Niveaudrehkranz auch bei schräger Standfläche immer gerade, weil der Drehkranz während der Abstützbewegung in Richtung der Fallinie automatisch läuft

Bild 13: Terrainregulierung arbeitet bei einem schräg stehendem Fahrgestell; die automatische Steuerung arbeitet spätestens nach einer Abweichung von ± 1,5 Grad

1.3.6 Einrichtung zur Belastungskontrolle

Zu den Einrichtungen zur Belastungskontrolle einer Drehleiter werden dem Maschinisten über elektronisch gesteuerte Anzeigen (Bild 14)

- Aufrichtewinkel der Leiter
- Querneigung der Leiter
- Auszugslänge der Leiter
- Ausladung der Leiter
- Freistandsgrenze
- Benutzungsgrenze
- zul. Belastung im jeweiligen Freistandsfeld

angegeben.

Damit im Notfall bei Ausfall der elektr. Betriebsüberwachungseinrichtungen der Maschinist eine Kontrolle über den ausgefahrenen

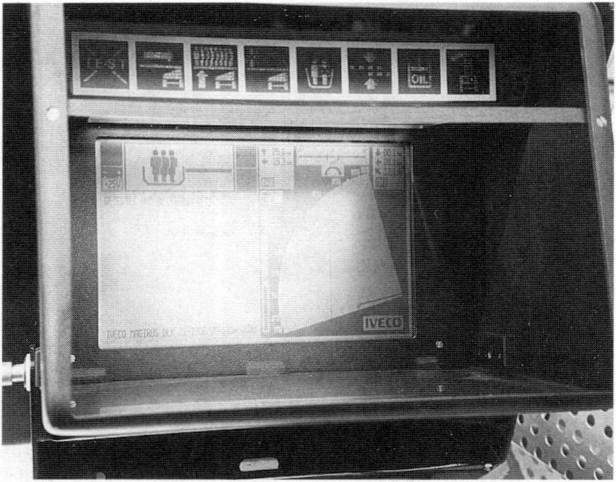

Bild 14: Anzeigeeinrichtung zur Betriebsüberwachung einer Drehleiter

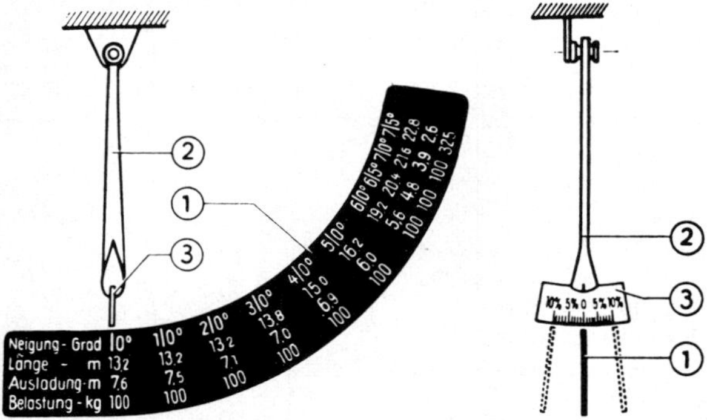

Bild 15: Gradmesser bestehend aus:
(1) Gradbogen (2) Zeiger (3) Skala für die Seiteneinstellung

Leitersatz hat, ist der mech. Gradmesser weiterhin erforderlich (Bild 15).

1.3.7 Einrichtungen zur Betriebskontrolle

Die Bedienung der Hubrettungsfahrzeuge muß von einem gut erreichbaren, blendfrei zu beleuchtenden Hauptsteuerstand möglich sein. Der Hauptsteuerstand ist dabei so anzuordnen, daß die einzelnen Bewegungen des Hubrettungssatzes, Bedienungshebel und -einrichtungen im Blickfeld des Maschinisten liegen und ihrer Funktion entsprechend angeordnet sind (s. Bilder 16 und 17). Hat ein Hubrettungsfahrzeug darüber hinaus einen Rettungskorb, so ist ein Korbsteuerstand als Nebensteuerstand erforderlich (Bild 18). Der Hauptsteuerstand muß bei zwei Steuerständen vorrangig

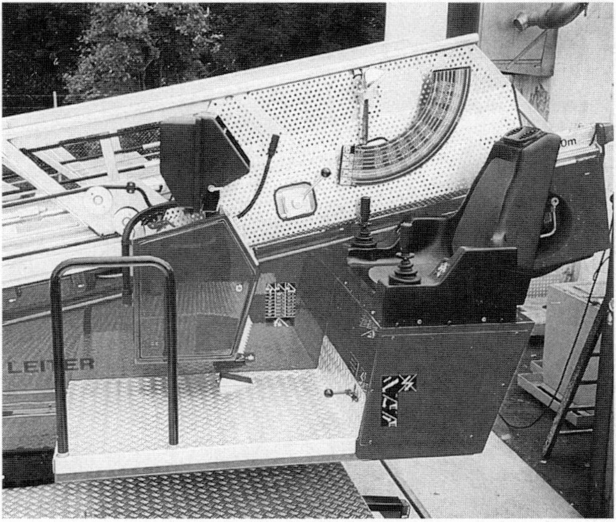

Bild 16: Hauptsteuersitz einer Drehleiter

Bild 17: Hauptsteuersitz (Ausschnitt) einer Drehleiter – Schaltorgane sind übersichtlich angeordnet und beschriftet

Bild 18: Steuerstand im Rettungskorb einer Drehleiter

geschaltet sein. Vom Hauptsteuerstand aus müssen auch alle optischen Sicherheitseinrichtungen überblickt werden können und die akustische Sicherheitseinrichtung gut hörbar sein.

1.4 Technische Ausführung der Drehleiter

Eine Drehleiter besteht aus Fahrgestell, Aufbau mit Fahrerhaus, dem Leiterantrieb mit dem aufricht-, ausfahr- und drehbaren Leitersatz einschließlich der genannten Sicherheitseinrichtungen sowie den Geräteräumen mit dem begehbaren Podium.
Man unterscheidet maschinell- bzw. handbetriebene Drehleitern. Drehleitern, die die Bewegungen Aufrichten, Neigen, Aus- und Einziehen, Drehen sowie Seiteneinstellungen *nur* teilweise maschinell durchführen, gibt es nach den DIN-Normen und demnach im Feuerwehreinsatz aus Sicherheitsgründen nicht.
Es gibt also nur „reinen" maschinellen Betrieb oder nur die „reine" handbetriebene Drehleiter (nur bis zu einer festgelegten Einsatzhöhe).

1.4.1 Fahrgestell

Da die Anforderungen an das Fahrgestell einer Drehleiter sehr hoch sind, wird neben den allgemeinen Anforderungen nach DIN 14502, Teil 2, grundsätzlich der Fahrgestellrahmen mit einem zusätzlichen Hilfsrahmen versehen, damit die so gefürchtete Punktbelastung für den Fahrgestellrahmen ausgeschaltet ist.

1.4.2 Leiterantrieb

Als Kraftquelle für maschinell betriebene Leitern dient der Fahrzeugmotor. Weiterhin muß die Drehleiter eine Einrichtung haben, die das Anlassen des Motors bei eingeschaltetem Nebenantrieb nur dann zuläßt, wenn das Fahrgetriebe ausgeschaltet ist (Fahrgetriebe und Nebenantrieb werden gegenseitig blockiert).

Der mechanische Leiterantrieb

Der mechanische Antrieb des Leitersatzes über Gelenkwelle, Winkelantrieb und entsprechenden Kegel-Konus- bzw. Lamellenkupplungen wird nicht mehr verwendet.

Der elektrische Leiterantrieb

Mit Elektromotoren angetriebene Drehleitern gibt es in der Praxis nicht, da sich keine ruhigen und gedämpften Leiterbewegungen, wie bei den Leitern mit hydraulischem Antrieb, durchführen lassen.
Es gibt allerdings Drehleitern bei denen die Korb-Senkrechtsteuerung über Elektromotoren erfolgt. Aber auch hier werden sich die hydraulischen Elemente durchsetzen.

Der hydraulische Leiterantrieb

Die Hydraulik hat sich bei den maschinell betriebenen Drehleitern inzwischen seit vielen Jahren bewährt.
Die einzelnen Leiterbewegungen sind stufenlos regelbar, die Leiterbewegungen feinfühlig steuerbar und stoßfrei umsteuerbar. Weiterhin dient der Öldruck zum Steuern der Sicherheitseinrichtungen z. B. der Überdruckventile und der Sperrblöcke.

Der Aufbau des hydraulischen Antriebes ist vom Prinzip her einfach.
Vom Fahrzeugmotor wird über den Nebenantrieb eine Ölpumpe angetrieben.
Die Hydraulikpumpe sorgt für einen entsprechenden Arbeitsdruck im Hydrauliksystem. Durch die Hydraulikleitungen wird durch Schaltorgane das Öl aus einem Vorratsbehälter zu den Hydraulikzylindern und ggf. zu den Ölmotoren gedrückt, um schließlich dort entsprechende Bewegungen einzuleiten.
Nachdem die Bewegungen über die einzelnen Hydraulikelemente abgegeben worden sind, fließt das Hydrauliköl in den Vorratsbehälter zurück.
Im Dauerbetrieb des Leitersatzes wird das Hydrauliköl so erwärmt, daß es zum Ausfall der Drehleiter kommen kann, wenn nicht durch geeignete Maßnahmen das Öl gekühlt wird.
Ölkühler oder ein entsprechend groß dimensionierter Ölvorratsbehälter sichert die Einsatzbereitschaft des Hydraulikantriebes.
Die Förderleistung der Hydraulikpumpe muß so bemessen sein,

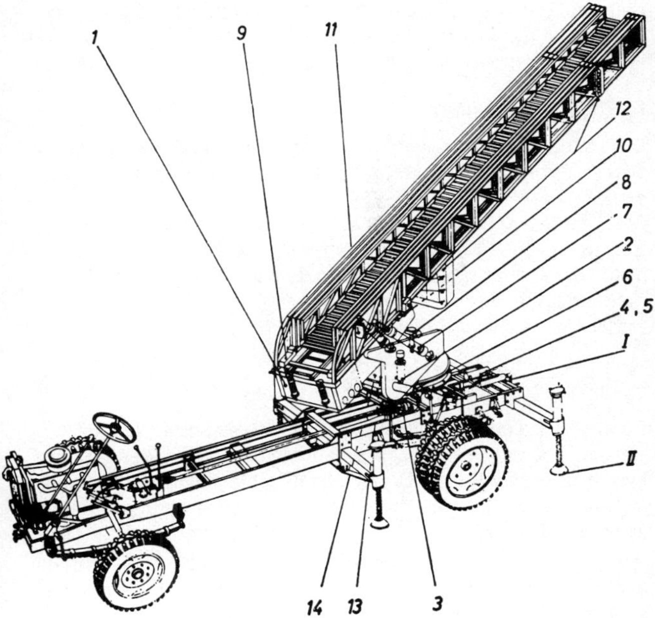

Bild 19: Drehleiter mit hydraulischem Antrieb

1. Tank
2. Ölverteiler
3. Pumpe
4. Filter
5. Gasregulierung
6. Steuerung
7. Aufrichtzylinder
8. Drehgetriebe
9. Leiterausschub
10. Terrainregulierung
11. Lot
12. Sicherheitseinrichtung
13. Kontrolleinrichtung
14. Nothandbetrieb

I. Federfeststelleinrichtung
II. Abstützungen

daß alle Leiterbewegungen, soweit sie nicht gegenläufig sind, zusammen gleichzeitig ausgeführt werden können.

Die Hydraulikzylinder

Die Hydraulikzylinder werden für das Abstützen der Drehleiter sowie zum Aufrichten und das Ausziehen des Leitersatzes verwendet.
Die Ölpressen arbeiten hierbei nach dem bekannten Prinzip: Bewegung eines Kolbens in einem Zylinder. Übertragen wird die Kraft von einem Kolben über die Kolbenstange auf das zu bewegende Bauteil.
Der Kolbenhub wird dabei bestimmt

a) durch die Länge des Zylinders und
b) durch die in den Zylinder gepreßte Ölmenge.

Durch entsprechende Öffnungen und Überströmventile im Zylinder läßt sich der Bewegungsvorgang an den Totpunkten verlangsamen bzw. abschalten. Doppelt beaufschlagte Ölpressen haben hierbei den Vorteil, daß die Kolben in jede Bewegungsrichtung zwangsläufig geführt werden, ohne daß das zu bewegende Bauteil, in diesem Falle der Leitersatz, sich durch sein Eigengewicht selbständig machen kann.

Der Ölmotor

Der Hydraulikmotor wird durch den Öldruck angetrieben.
Die Drehbewegung des Leitersatzes und das Aus- und Einziehen des Leitersatzes über einen Seilwindenantrieb erfolgen über Ölmotoren.

Die Vorteile des hydraulischen Antriebes

Die Vorteile von hydraulischen Antrieben kann man in folgenden Punkten zusammenfassen:

a) Bei geringerem Raumbedarf gegenüber den mechanischen Antrieben sind die Einzelelemente, die die Kraftübertragung sicherstellen, einfacher.
b) Stufenlose Geschwindigkeitsregelung, ohne daß der Antriebsmotor (Diesel-Motor) seine Drehzahl verändern muß, ist möglich.
c) Direkte Kraftübertragung ohne Zwischen- oder Umschaltgetriebe ist gegeben.
d) Sicherstellen einer schnellen Umschaltung bei gradliniger oder drehender Bewegung mit Ölpufferung am jeweiligen Bewegungsende.
e) Einschränken von mechanischen Übertragungselementen, die, wie bekannt, Schmierung und Pflege brauchen, weil sie sonst einem erhöhten Verschleiß unterworfen sind (hydraulische Übertragungselemente sind dagegen durch die Betriebsflüssigkeit selbstschmierend).
f) Einfache Steuerung bei leichter Überblickbarkeit der Getriebe, wobei die zentrale Überwachung der Arbeitselemente mittels eines einzigen Druckmeßgerätes im hydraulischen System sichergestellt werden kann.
g) Einfache Schutzmaßnahmen gegen Überlastungen und Ausschließen der Bruchgefahr eines Leiterteiles können verwirklicht werden, so daß im ungünstigsten Fall die Drehleiter einfach im letzten Betriebszustand stehen bleibt.

1.4.3 Leitersatz

Der Leitersatz muß aus Metall bestehen, der bei geringem Gewicht durch die Verwendung geeigneter Profile und entsprechender Bauweise eine druck- und zugfeste Verspannung der einzelnen Leiterteile gewährleisten muß.
Nur so kann die Leiter sowohl im Freistand als auch mit aufgelegtem Leiterkopf verwendet werden (Bild 20). Darüber hinaus muß die voll ausgezogene und bestiegene Leiter so steif sein, daß der an der Spitze stehende Feuerwehrmann nicht wie ein Pendel zum Schwingen kommt. Hergestellt werden die einzelnen Leiterteile in

Bild 20: Eine DLK 23-12 mit aufgelegtem Korb als Brücke eingesetzt

besonderen Vorrichtungen, wobei das Schweißen spannungs- und verwindungsfrei zu erfolgen hat. Die Holme selbst sind so beschaffen, daß sie jeweils als Führungsschiene für das nächste Leiterteil dienen.
Ferner müssen die Seitengurte der Oberleiter bis zum Leiterkopf in voller Höhe durchlaufen. Für die Breite der Oberleiter ist in DIN 14701 ein Mindestwert von 450 mm festgelegt.
Für das Ausziehen ist jeder Leiterteil mit zwei Drahtseilen über Umlenkrollen so gesichert, daß das Ausziehen jedes Leiterteiles gleichmäßig erfolgt (Bild 21).

Das Einziehen erfolgt bei Drehleitern mit Maschinenantrieb über Einzugsseile. Hierdurch wird der Leitersatz:

a) in jedem Aufrichtwinkel mit Maschinenkraft aus- und eingezogen und

b) zwischen den Aus- und Einzugsseilen immer durch Vorspannung fest geführt. Die früher so gefürchtete Schlappseilbildung kann dadurch nicht mehr auftreten.

Die am Leiterfuß der Unterleiter vorhandene oder anzubringende Aufstiegleiter ist ein- und ausziehbar angeordnet und gewährleistet ein sicheres Besteigen bei allen Aufrichtwinkeln.

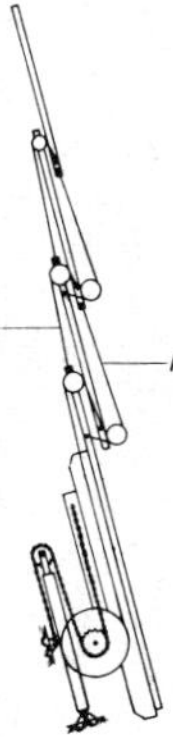

Bild 21: Seitenansicht einer vierteiligen Drehleiter, in der
a) die Seilanordnung zum Aus- und Einziehen der Leiterteile und
b) der hydraulische Antrieb über Presse, Kettenräder mit Gelenkkette und Seiltrommel dargestellt sind

1.4.4 Drehgestell

Der Leitersatz ruht auf einem Drehgestell, auch Drehschemel genannt.
Das Drehgestell wird über den Drehkranz mit einem hydraulischen Motor zur Seite geschwenkt, so daß die Leiter beliebig nach allen Seiten eingesetzt werden kann. Das Drehgestell nimmt ferner die elektronischen und die hydraulischen Steuerorgane sowie den auf der linken Seite befindlichen Hauptbedienstand auf.

1.4.5 Vordere Auflage des Leitersatzes

Die vordere Auflage der Drehleiter wird nur während der Fahrt benötigt, um das Gewicht des Leitersatzes zu tragen und das seitliche Ausbrechen bei Kurvenfahrten zu verhindern. In Fahrstellung wird ferner der Leitersatz entweder hydraulisch oder durch eine mechanische Sperre gegen ein unbeabsichtigtes Ausfahren (z. B. beim scharfen Bremsvorgang) gesichert. Der Maschinist muß vor Fahrtbeginn die Sicherung des Leitersatzes überprüfen.

1.4.6 Rettungskorb

Seit vielen Jahren wird fast jede neue Drehleiter mit einem Rettungskorb geliefert.
Der Rettungskorb ist je nach Größe ein- und aushängbar.
Damit die Rüstzeiten an der Einsatzstelle für das Einhängen des Korbes verringert werden, ist der umklappbare Korb (Stülpkorb), der vorne an der Leiterspitze verbleibt und für den Fahrbetrieb auf der Straße hydraulisch auf den Leiterpark abgeklappt wird, konzipiert worden.
Damit einheitliche Sicherheitskriterien für Rettungskörbe an Hubrettungsfahrzeugen gelten, wurde die DIN 14701 um den Teil 3 erweitert. Sie gilt für Rettungskörbe, Arbeitsbühnen sowie ähnlichen Einrichtungen an Hubrettungsfahrzeugen nach DIN 14701 Teil 1 und 2.

Hier die wichtigsten Anforderungen:

- der Rettungskorb ist eine allseitig umwehrte Plattform
- die Höhe der Umwehrung ist mindestens 1,10 m
- die Bodenfläche je Person muß mindestens 0,20 m^2 betragen
- der Boden muß trittsicher, rutschhemmend und möglichst geschlossen sein und eine Fußleiste mit einer Höhe von 0,15 m haben
- Knieleisten rundum (mind. 2) sind erforderlich
- Einstiegsöffnung mit lichter Weite von mindestens 0,45 m bis max. 0,60 m muß vorhanden sein

- klappbare Teile der Umwehrung (oberer Teil) darf nur nach innen oder nach oben sich bewegen lassen
- Durchstiegsmöglichkeit vom Korb zum Leitersatz bzw. Hubrettungsausleger bei Korblast $<$ 4 Personen ist gefordert
- Korbsteuerstand muß vorhanden sein
- Notstop-Einrichtung muß vorhanden sein
- die Führungseinrichtung des Korbes muß sicherstellen, daß in allen Benutzungsstellungen des Korbes eine waagerechte Lage des Korbes mit einer max. Abweichung von $\pm$ 7° gewährleistet ist
- bei max. Neigung des Korbbodens von $\pm$ 12° muß sich automatisch der Hubrettungssatz ausschalten.

1.4.7 Zusatzeinrichtungen

Bei Rettungskörben sind als Zusatzeinrichtungen u. a.:

- Flutlichtstrahler
- Wendestrahlrohr und
- Lagerung für Krankentrage im Einsatz

Flutlichtstrahler

Für Flutlichtstrahler werden in der Regel 2 × 1000-Watt-Strahler verwendet, die mit entsprechenden Aufsteckzapfen seitlich außen am Korb befestigt werden können, um so die Einsatzstelle von oben auszuleuchten. Wichtig ist aber, daß eine festverlegte 220-Volt-Leitung am Leitersatz vorhanden ist, da eine Stromversorgung über ein loses Elektrokabel aus Sicherheitsgründen abzulehnen ist. Die 220-Volt-Leitung muß jährlich mindestens einmal durch einen Fachkundigen – Elektrofachkraft – geprüft werden.

Wendestrahlrohr

Das Wendestrahlrohr ist inzwischen ein wichtiges Hilfsmittel, um bei einer Brandbekämpfung Löschwasser von oben abzugeben. Das Wendestrahlrohr selbst ist in der Leiterneigungsebene und eingeschränkt seitlich beweglich, damit die Leiter nicht durch zusätzliche Seitenkräfte gefährdet wird. Muß der Wasserstrahl weiter zur Seite gelenkt werden, dann ist die Leiter zu drehen. Grundsätzlich ist die Leiter nur so weit auszuziehen, wie es die Löschmaßnahmen erfordern. Ggf. sind Halteleinen erforderlich. Auf die Warnhinweise des Hubrettungs-Fahrzeug-Herstellers ist zu achten.

	Mundstück Ø in mm	Wasserdruck in bar							
		3	4	5	6	7	8	9	10
für freibewegbares Handstrahlrohr	12	6,8	9	11,3	13,5	16	18	20	23
	14	9	12,3	15,4	18,5	21,7	24,6	27,7	30,8
	16	12	16	20	24	28	32	36	42
	18	15,2	20,4	25,4	30,5	35,6	40,7	45,8	51
	20	18,8	25	31,4	37,6	44	50	56,4	62,7
	22	22,8	30,4	38	45,6	53,2	60,8	68,4	76
	24	27	36,2	45,3	54,4	63,4	72,5	81,5	90,5
	26	31,8	42,5	53	63,7	74,3	85	95,5	106
	28	37	49	61,5	73,8	86	98,5	111	123
	30	42,4	56,5	70,6	85	99	113	127	141
für festangeordnetes, durch Zugleinen bedienbares Wenderohr, bei welchem das Verschwenken des Strahles mittels Drehgetriebe der Leiter erfolgt. Leiter mit Zug- und Druckverspannungen.	32	48,3	64,4	80,4	96,5	112,7	128,8	145	161
	34	54,4	72,5	90,6	109	127	145	163	181
	36	61	81,5	102	122	142	163	183	204
	38	68	90,6	113	136	158	181	204	226
	40	75,4	100	125	150	175	200	225	250
	45	95	127	159	190	222	254	286	318
	50	118	157	196	236	275	314	354	392

In der vorstehenden Tabelle sind die Reaktionskräfte – Rückkräfte von Wasserstrahlrohren in N in der Achse des Strahles – aufgeführt.
Beim *freihändigen* Spritzen von der freistehenden Leiter ist der Strahlrohrführer besonders gefährdet.
Das Schlauchgewicht, die Wassersäule und die Strahlrohrrückkraft begünstigen sehr schnell einen Absturz.
Aus diesem Grunde ist auch nach den Unfallverhütungsvorschriften

- das Spritzen von der freistehenden Leiter über ein B-Strahlrohr
- das freie Herunterhängen einer Schlauchleitung
- das seitliche Wassergeben und
- das schnelle Öffnen und Schließen des Absperrhahnes eines Strahlrohres

verboten.

Bild 22: Wendestrahlrohr sicher auf dem Rettungskorb befestigt

Krankentragenlagerung

Über die Krankentragenlagerung können Kranke und Verletzte auf einer Trage mit dem Rettungskorb gerettet werden.
Alle im Rettungsdienst eingesetzten Tragen können *nicht* aufgeschoben werden. Dies ist zu beachten und vor Gebrauch auch eingehend zu testen. So lassen sich z. B. die DIN-Tragen mit Kufen sehr schlecht aufschieben, da mit Belastung die Füße der Trage sich nach außen spreizen und so in den Schienen der Tragenvorrichtung hängen bleiben.
Weiterhin ist auf die Tragenfixierung zu achten; genormte DIN-Tragen haben eine 4-Punkt-Fixierung.
Nicht DIN-gerechte Tragen, die im Ausland verwendet werden und teilweise nun auch in Deutschland eingesetzt werden, haben andere Fixierungen. Hierauf ist bei der Beschaffung einer solchen Einrichtung zu achten.

Sprechverbindungen

Zwischen Rettungskorb und Hauptsteuerstand muß eine Sprechverbindung (Wechselsprechanlage) vorhanden sein. Bei dieser Sprechverbindung müssen das Mikrofon an der Leiterspitze (Rettungskorb) und der Lautsprecher am Hauptsteuerstand ständig eingeschaltet sein. Umschalten auf Gegensprechen darf nur durch eine Taste am Hauptsteuerstand möglich sein.

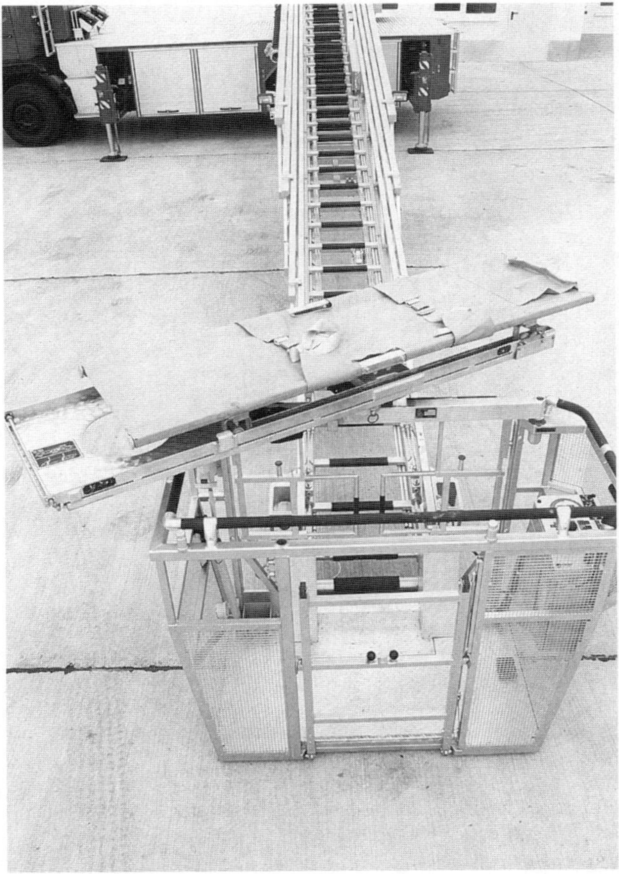

Bild 23: Drehleiter DLK 23-12 mit Rettungskorb, Krankentragenlagerung und Wechselsprechanlage

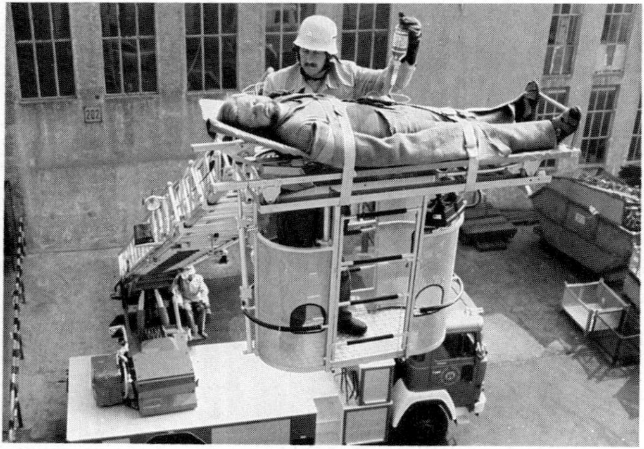

Bild 24: Drehleiter DLK 23-12 mit Rettungskorb und Krankentragenlagerung

1.5 Betriebsanleitung und Wartung

Für den Betrieb und die Wartung eines Hubrettungsfahrzeuges sind neben den Unfallverhütungsvorschriften die Betriebsanleitungen des Herstellers verbindlich. Infolgedessen ist darauf zu achten, daß bei jedem Hubrettungsfahrzeug – dies gilt vor allem auch für ältere Drehleitern – zumindest eine Betriebsanleitung vorhanden ist. Die Betriebsanleitung enthält neben einer technischen Beschreibung und der Bedienungsvorschrift Hinweise für die Wartung, Pflege und Instandhaltung, die einzuhalten sind, damit das Hubrettungsfahrzeug im Einsatzfalle voll verwendbar ist.

1.6 Einsatztaktische Anforderungen

Bei der Anschaffung eines Hubrettungsfahrzeuges sind durch die Feuerwehren – auch wenn eine Norm für diese Fahrzeuge im einzelnen nicht vorliegt – die Gesetze des Bundes und der Länder, z. B. die Baugesetze, das Straßenverkehrsgesetz einschließlich der dazugehörenden Verordnungen (StVZO) zu beachten; andernfalls sind Hubrettungsfahrzeuge nicht überall einsetzbar. Auch sollte vor der Beschaffung geprüft werden, ob die vorhandenen Feuerwehrzufahrten einschließlich der Aufstellflächen mit dem Hubrettungsfahrzeug befahren werden können.
Hierbei ist besonders auf:

die Höhe der Tordurchfahrten (Bild 25),
das Gewicht (Achslasten) des Fahrzeuges,
die mögliche Abstützkraft der Abstützung auf der belasteten Fahrzeugseite,
den Wendekreis des Fahrzeuges,
die mögliche Rettungshöhe in Abhängigkeit von der freien Ausladung u. a. m. zu achten (Bild 26).

Diese Anforderungen sind bundeseinheitlich in zwei Normen mit den Titeln

„Flächen für die Feuerwehr auf Grundstücken" und
„Hubrettungsfahrzeuge"

geregelt.

Bild 25: DLK 23-12 in einer niedrigen Tordurchfahrt

Grenze:	Abstützungen:	Belastungsmöglichkeiten:
1	Auf breiter Basis abgestützt	2 Mann (180 kg) im Rettungskorb Leiter freistehend
1 a	Innen abgestützt	
2	Auf breiter Basis abgestützt	1 Mann (90 kg) an d. Leiterspitze Leiter freistehend
2 a	Innen abgestützt	
3	Auf breiter Basis abgestützt	8 Mann Brückenbelastung Leiterspitze aufgelegt (ohne Korb)
3 a	Innen abgestützt	

**Bild 26: Aus Platzgründen können nur die Ausladungswerte für die beiden Endstellungen der Abstützung angegeben werden.
Wird die Leiter in Fahrzeuglängsachse nach vorne oder hinten eingesetzt, gelten innerhalb bestimmter Drehbreiche nach der Seite auch bei innen abgestützter Leiter die max. Ausladungswerte (1) (2) und (3).
Ausladungswerte für 2-Mann-Korb in bezug auf DIN 14701 T1 + 2 – DLK 23-12.**

Fortsetzung Abb. 26

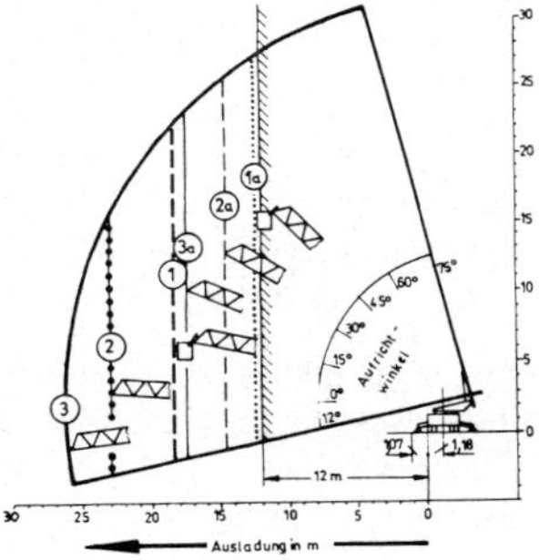

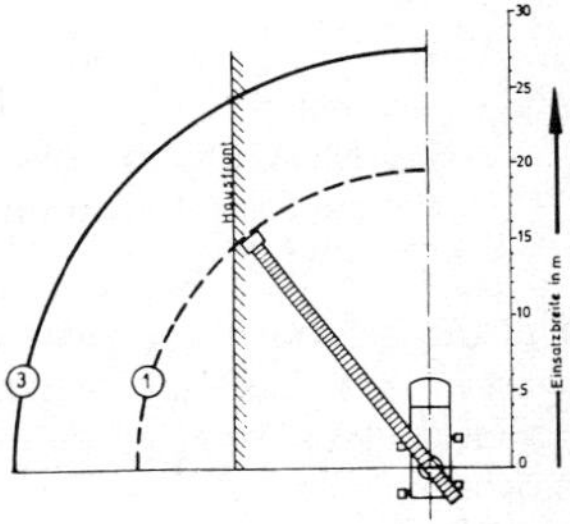

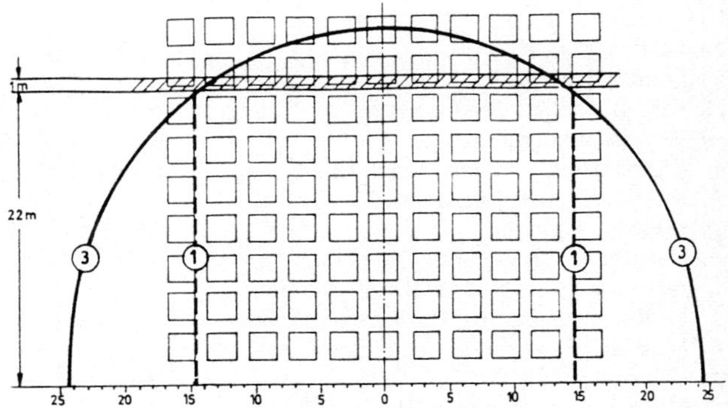

Einsatzfläche bei 12 m Einsatzabstand

Die Anforderungen an alle Hubrettungsfahrzeuge sind dabei unter Beachtung des Abschnittes 1.1 folgende:

1.6.1 Allgemein
Einsatztaktische Anforderungen
– allgemeine Forderungen der DIN 14701 –

Um einheitliche Mindestanforderungen zum taktischen Einsatzwert für alle Hubrettungsfahrzeuge festzuschreiben, wurden folgende Mindestwerte im deutschen Normblatt DIN 14701 Teil 1 festgeschrieben. Bis zum Erscheinen der europäischen Norm sind die folgenden technischen Daten zu beachten:

a) Gesamtgewicht des Fahrzeuges komplett	
– mit Korb	14000 kg
– ohne Korb (Im Einverständnis mit der Aufsichtsbehörde kann das Gesamtgewicht erhöht werden.)	ca. 12000 kg
b) Fahrzeuglänge	max. 10,00 m
c) Fahrzeugbreite	max. 2,50 m
d) Fahrzeughöhe in Fahrtstellung	max. 3,30 m
e) Wendekreisdurchmesser	max. 21,00 m
f) Stützbreite der abgelassenen Abstützung	max. 4,50 m
Abstützung reduzierbar auf	2,50 m
g) Bodenpressung je Stütze	max. 80 N/cm²
h) Nennrettungshöhe unter Beachtung des Abschnitts 1.1 (ergibt sich aus den Baugesetzen 22 m + 1 m Brüstungshöhe)	min. 23,00 m
i) Nennausladung unter Beachtung des Abschnittes 1.1	min. 12,00 m
j) Mögliche Belastung des Rettungskorbes bei Nennrettungshöhe und -ausladung:	

A) bei *vorhandenen* Abstiegsmöglichkeiten wie bei einer Drehleiter, Korb mindestens 2 Personen = 180 kg

B) *ohne* Abstiegsmöglichkeiten wie bei einer Drehleiter, Korb mindestens 4 Personen = 360 kg

k) Hubrettungsfahrzeuge mit Korb für nur 2 Personen und Hubrettungsfahrzeuge ohne Korb müssen so gebaut sein, daß im angelehnten Zustand bei Nennrettungshöhe und -ausladung eine unfallsichere Brückenbenutzung möglich ist. Hierbei muß über den gesamten Rettungsausleger, gleichmäßig verteilt, eine Belastung von mindestens 720 kg möglich sein.

1.6.2 Einteilung der genormten Drehleitern mit maschinellem Antrieb

Für maschinell betriebene Drehleitern wurden in der DIN 14701 Teil 2 weitere einsatztaktische Mindestwerte festgelegt.

Bild 27: DLK 18-12

Wie aus Bild 28 ersichtlich, werden maschinell betriebene Drehleitern eingeteilt in

DL	12–9
DLK	12–9
DL	18–12
DLK	18–12
DL	23–12
DLK	23–12

Nachstehend ist die feuerwehrtechnische Beladung, die als Mindestbestückung für den Einsatz mitgeführt werden muß, aufgeführt:

Kurzzeichen	Nenn-Rettungshöhe m min.	Nenn-Ausladung m min.	Ausladung bei 6 m Höhe bis zur Nenn-Rettungshöhe m min.	Zulässiges Gesamtgewicht kg max.	Durchmesser a [2] m	Länge b ohne Korb m	Länge b mit abnehmbarem eingehängtem Korb in Fahrstellung m
DL 23–12	23	12	12	14 000	21	10	–
DLK 23–12	23					–	11
DL 18–12	18	12	12	12 000	19	8,5	–
DLK 18–12	18					–	9,5
DL 12–9	12	9	9	9 000	19	8,5	–
DLK 12–9	12					–	9,5

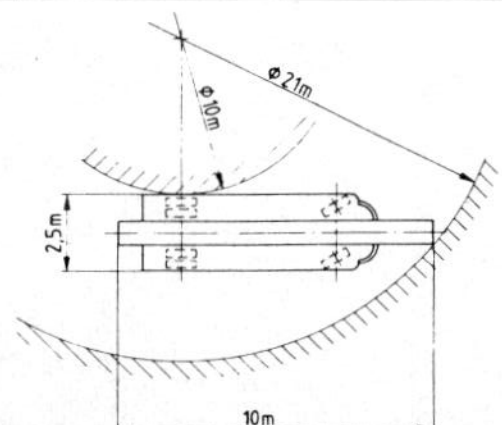

2) Bei eingehängtem Korb in Fahrstellung darf das Maß a überschritten werden.

Bild 28: Einteilung der maschinell betriebenen Drehleitern

Bild 29: DLK 23-12

Bild 30: DLK 23-12

Tabelle 1

Gruppe	Gegenstand	nach DIN	Stückzahl bei DL 23–12 DLK 23–12	DL 18–12 DLK 18–12	DL 12–9 DLK 12–9
2	**Löschgerät**				
	Feuerlöscher PG 6 mit Kfz-Halterung	14 406 Teil 1	–	1	1
	Feuerlöscher PG 12 mit Kfz-Halterung	14 406 Teil 1	1	–	–
3	**Schläuche, Armaturen und Zubehör**				
	Druckschlauch B-20-K	14 811 Teil 1	2	2	2
	Druckschlauch C 42-15-K	14 811 Teil 1	4	4	4
	Druckschlauch D-5-K	14 811 Teil 1	1	1	1
	Druckschlauch B-35-K	14 811 Teil 1	(1)	(1)	–
	Verteiler BV oder BK	14 345	1	1	–
	Standrohr 2 B	14 375 Teil 1	(1)	–	–
	Übergangsstück B-C	14 342	1	1	1
	Übergangsstück C-D	14 341	1	1	1
	Strahlrohr CM	14 365 Teil 1	2	2	1
	Strahlrohr DM	14 365 Teil 1	1	1	1
	Seilschlauchhalter 1600	14 828	2	2	2
	Kupplungsschlüssel ABC	14 822 Teil 2	2	2	2
	Schlüssel C (für Unterflurhydrant)	3223	(1)	–	–
	Schlüssel B (für Überflurhydrant)	3223	1	1	1
	Schachthaken (mit Kette)		(2)	–	–

4	**Rettungsgerät** Fangleine F 30-K mit Fangleinenbeutel und Tragleine nach DIN 14 921	14 920	2	2	2
5	**Sanitäts- und Wiederbelebungsgerät** Verbandskasten	14 142	1	1	1
6	**Beleuchtungs-, Signal- und Fernmeldegerät** Handscheinwerfer Ex-100, mit Batterie und Lampen	14 642	2	2	2
	oder Handscheinwerfer HW-Ex, mit Batterie und Lampen	14 646	(2)	(2)	(2)
	Warndreieck nach StVZO		2	2	2
	Warnleuchte nach STVZO		2	2	2
	Warnflagge, 500 mm × 500 mm, weiß-rot-weiß		2	2	2
	Hand-Sprechfunkgerät im 2-m-Bereich		2	2	2
7	**Arbeitsgerät** Motorsäge mit Verbrennungsmotor Schwertlänge ≈ 400 mm		1	1	1
	Bindestrang, 2 m lang, 8 mm Durchmesser		(1)	–	–
	Draht 2 (Bindedraht), 10 m lang	177	(1)	–	–
	Schäkel ähnlich Form C, Nenngröße 3 Beanspruchung bis 100 kN, verzinkt	82 101	2	2	2
	Auffahrbohle A	14 854	2	2	–
8	**Handwerkzeug und Meßgerät** Werkzeugkasten 5teilig, aus Stahlblech (Raumbedarf ≈ 500 mm × 220 mm × 250 mm) für Fahrgestellwerkzeug und Werkzeugsatz,		1	1	1

	bestehend aus – Hammer 500 S (Schlosserhammer) – Fäustel 2 S – Zange 180 mit Griffhüllen – Flachmeißel A 300 – Schraubendreher A-A 1 × 5,5 – Schraubendreher A-A 1,6 × 10	 1041 6475 5244 6453 5265 5265	 1 1 1 1 1 1	 1 1 1 1 1 1	 1 1 1 1 1 1
	Feuerwehraxt FA oder FAK	14 900	1	1	1
	Axt B 2 SB-A (Holzaxt)	7294	1	1	1
	Bügelsäge BX oder BY	20 142	1	1	1
	Bügelsäge mit Schnellschnitt-Sägeblatt 400 mm lang (Baumsäge)		1	1	1
	Spaten, jedoch mit Griffstiel CY 900 nach DIN 20 152	20 127	(1)	(1)	(1)
9	**Sondergerät** Reservekraftstoff-Kanister aus PE, gefüllt mit 5 l 2-Takt-Gemisch		1	1	1
	Ölbehälter, gefüllt mit 2 l Kettenöl		1	1	1
	Abschleppseil 16, zusätzlich mit rotem Warntuch 200 mm × 200 mm	76 031	1	1	1
	Abgasschlauch, 85 × 2500	14 572	–	1	1
	Abgasschlauch, 102 × 2500	14 572	1	–	–
	Unterlegkeil Größe abgestimmt auf Reifengröße Unterlegkeil des Fahrzeugs	76 051 Teil 1 76 051 Teil 1	1 1	1 1	1 1
	Wagenheber		1	1	1

2. Rüstwagen

Die bei der Feuerwehr von Jahr zu Jahr steigende Zahl der Einsätze sind in den Städten

zu 10% Brandbekämpfungsmaßnahmen und
zu 90% Hilfeleistungen aller Art.

In den Landkreisen mit Industrie ist eine ähnliche Verlagerung der Einsatzfrequenz zu erkennen. Die Hilfeleistungen betragen auch hier bis zu 70% aller Einsätze.
Diese enorme Steigerung erfolgte durch den immer mehr zunehmenden Verkehr, größere Bevölkerungsdichte und die mehr und

Bild 31: Rüstwagen RW 2; deutlich ist die sehr umfangreiche Bestückung des Fahrzeuges erkennbar

mehr um sich greifenden technischen Einrichtungen des Lebens. Daß die Anzahl der Brandeinsätze gegenüber früher nicht geringer geworden ist, obwohl die Prozentzahlen etwas anderes auszusagen scheinen, sei an dieser Stelle der Vollständigkeit halber erwähnt.
Die Feuerwehr erkannte schon frühzeitig, daß die Ausrüstung auf den Löschfahrzeugen mit zunächst einigen Draht- und Hanfseilen sowie einer Stahlwinde für Hilfeleistungen nicht ausreicht, um bei Unfällen wirksam helfen zu können. Aus diesem Grund wurden die Rüst- und Gerätewagen genormt.
Die Ausrüstung heutiger Rüstwagen ist sehr umfangreich und umfaßt neben:

Schutzbekleidung,
Geräte zum Trennen, Schneiden, Abstützen, Retten, Beleuchten, Bergen und Absperren auch
Spezialausrüstungen für Ölschäden und Wasserrettungsaufgaben.

Rüstwagen haben neben der feuerwehrtechnischen Beladung festeingebaute Aggregate, nämlich eine maschinell betriebene Zugeinrichtung, festeingebauten Generator und einen angebauten Lichtmast.

2.1 Fahrgestell

Fahrgestelle für Rüstwagen müssen grundsätzlich Allradantrieb und eine 4-Rad-Feststellbremse haben. Weiterhin werden eine Zugeinrichtung und ggf. ein Generator fest eingebaut.
Diese Einrichtungen müssen vom Fahrzeugmotor so angetrieben werden können, daß ein gleichzeitiger Betrieb möglich ist. Dabei muß die Zugeinrichtung mit unterschiedlichen Geschwindigkeiten gefahren werden können und umsteuerbar sein. Diese Forderung muß z. B. deshalb erfüllt werden, damit die Einsatzstelle in der Nacht ausgeleuchtet werden kann.

2.2 Zugeinrichtung mit maschinellem Antrieb

Zugeinrichtungen haben in den Jahrzehnten 1960–1980 eine erstaunliche Entwicklung gehabt. In der folgenden Aufstellung (s. Tabelle 2) sind die Fortschritte der drei Generationen

- Trommelwinde – vor Fahrzeugmotor (Frontantrieb),
- Trommelwinde – am Fahrzeugrahmen (Heckeinbau) und
- Treibscheibenwinde – Ein- bzw. Anbauort am Fahrzeug überall möglich

erkennbar.

Zweck und Aufgabe

Trommelwinde und Treibscheibenwinde werden bei Bergungs- und Rettungsarbeiten aller Art – z. B. Aufrichten von umgestürzten Fahrzeugen, Herausziehen steckengebliebener Fahrzeuge, Aufräumungsarbeiten an verunfallten Fahrzeugen mit Verletzten u. a. m. – verwendet.
Diese Zugeinrichtungen sind somit Einrichtungen, die nicht dem Heben von Lasten dienen, sofern man ein Ziehen auf einer schrägen Ebene nicht als ein Heben ansieht. Es ist also der sogenannte Bodenzug gemeint, wobei Bodenzug in diesem Falle bedeutet, daß beim Betrieb (Bergungsvorgang) die Last den Boden nicht verlassen darf, obwohl eine Schräglage bis max. 45° vorhanden sein kann (Abb. 32).
Aus dem Verwendungszweck heraus ergeben sich auch für die schwierigsten Einsätze nachstehende Forderungen an die Betriebssicherheit:

- auf das Fahrgestell abgestimmte ein- und zweisträngige Zugkraft,
- eine nutzbare Mindestseillänge von 45 m,
- sicherwirkender Überlastungsschutz, ansprechend bei höchstens 120% der Nennzugkraft,
- Schrägzüge, horizontal und vertikal,

- einwandfreies Ablaufen und Aufspulen des Seiles mit und ohne Last,
- feinfühlige unterschiedliche Geschwindigkeitssteuerung unter jeder zulässigen Last,
- Rücklaufsicherung und Totmannschaltung entsprechend der UVV „Winden, Hub- und Zuggeräte“ (GUV 4.2); und
- eine Steuereinrichtung, die so beschaffen ist, daß ihre Stellteile beim Freigeben selbsttätig in die Nullstellung zurückgeht.

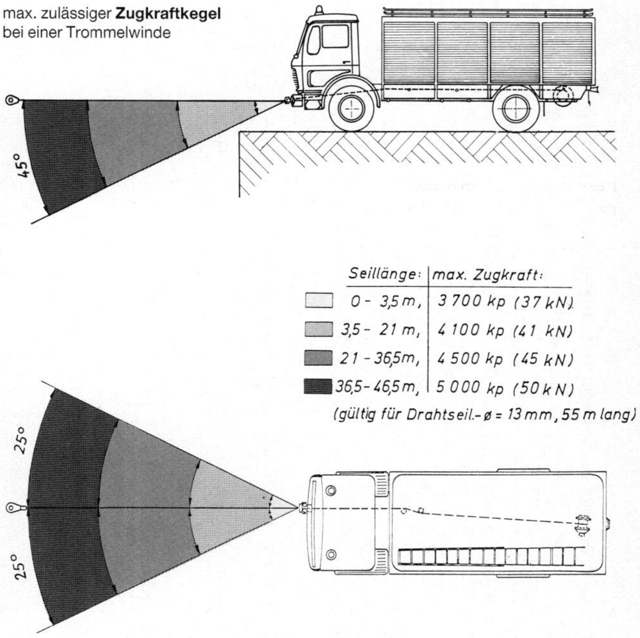

Bild 32: Zugkräfte bei der Trommelwinde

Tabelle 2: Einflüsse des Windenaufbaus auf das Fahrgestell

	Baujahr vor 1965	1965–1980	ab 1981
Böschungswinkel	wird verkleinert	bleibt unverändert	bleibt unverändert
Lastverteilung auf Vorder- und Hinterachse (VA bzw. HA)	starke Belastung VA, Entlastung HA.	günstige Verteilung auf VA und HA.	günstige Verteilung auf VA und HA, wobei Treibmatic leichter ist als Trommelwinde.
Zugeinrichtung (Winde):			
Antriebsart	mechanisch	hydraulisch	hydraulisch
Zugkraft	nimmt von Lage zu Lage ab. Unterste Lage 50 kN Oberste Lage 30 kN	nimmt von Lage zu Lage ab. Unterste Lage 50 kN Oberste Lage 40 kN	konstant 50 kN über gesamte Seillänge
Überlastschutz	Scherstift oder Ratsche – große Streuungen	Druckbegrenzungsventil – exakte Einstellung gewährleistet	Druckbegrenzungsventil – exakte Einstellung gewährleistet
Seilgeschwindigkeit	je nach Seillage verschieden – nicht regulierbar	je nach Seillage verschieden – feinfühlig regulierbar	Konstant über gesamte Seil-länge – feinfühlig regulierbar
Schrägzugmöglichkeit	nicht möglich	bis 25°	bis 25°
Seilspulung	keine	nach 3°-Prinzip – Seilbremse notwendig – Winde muß exakt eingebaut sein	einwandfrei, sowohl mit und ohne Last am Seil

	Baujahr vor 1965		1965–1980	ab 1981
Totmannschaltung	nein		ja	ja
Fernbedienung	nein		möglich	ja
Windeneinbau gemäß Vorschrift?				
DIN 14 584	nein	Vorschriften existierten damals noch nicht	ja	ja
DIN 15 020	nein		ja	ja
VBG 8	nein		ja	ja
Vorteile gegenüber der letzten Generation:			einwandfreier Überlastschutz. Schrägzugmöglichkeit Spulung vorhanden. Günstige Gewichtsverteilung.	wesentliche Gewichtseinsparung. Gleichbleibende Zugkraft und Seilgeschwindigkeit über gesamte Seillänge. Einbauort optimal wählbar, da Spulung kein Problem mehr.

Beschreibung und technische Anforderungen

Man unterscheidet heute zwei Typen, und zwar

a) die Trommelwinde (Abb. 34) und
b) die Treibscheibenwinde (Abb. 36).
(Der Betrieb von Spillkopf, Hydrozug und Trommelwinde mit direktem Antrieb und ohne Totmannschaltung sind nicht mehr zulässig!)

Die Trommelwinde

besteht aus einer Trommel mit zwei ausreichend hohen Bordscheiben, die ein seitliches Ablaufen des Seiles verhindern, einer Überlastsicherung, einer Totmannschaltung und einem Wendegetriebe.
Der Trommeldurchmesser muß mindestens der Triebwerksgruppe 1 Cm nach DIN 15 020 Teil 1 entsprechen. (Bei der Treibscheibenwinde ist das Verhältnis Seildurchmesser zu Treibscheibendurchmesser mindestens 1 : 11,2, entsprechend der Triebwerksgruppe 1 Dm festgelegt.)
Die Zugkraft der Trommelwinde wird im wesentlichen durch Reibung erreicht, wobei das eine Ende des Drahtseiles in der Trommel zu befestigen ist. Deshalb ist darauf zu achten, daß vor Inbetriebnahme mehrere Seilumschlingungen auf der Trommel sind, um gefahrlos zu arbeiten. Da das Seil auf der Trommel aufgewickelt wird, entsteht bei zunehmender Lagenzahl eine abnehmende Zugkraft bei größerer Seilgeschwindigkeit (Abb. 35).
Mit Trommelwinden sind ohne Spulvorrichtungen keine Schrägzüge möglich. Aus Gewichtsgründen muß jedoch in der Regel eine zusätzliche Spulvorrichtung entfallen.

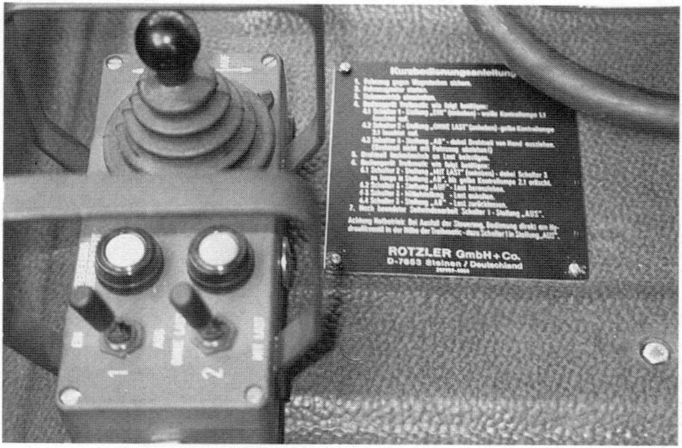

Bild 33: Steuereinrichtung einer Zugeinrichtung eingebaut neben dem Fahrersitz auf der Mittelkonsole

Bild 34: Trommelwinde

Bild 35: Eingebaute Trommelwinde

Die Treibscheibenwinde

besteht aus zwei hintereinander angeordneten mehrrilligen Treibscheiben, die von einem Hydraulikmotor über ein Getriebe angetrieben werden (Abb. 36). Das Seil ist fünfmal über die beiden Treibscheiben geschlungen. Die letzte Rille am Auslauf der hinteren Treibscheibe ist als Klemmscheibe ausgeführt. Hierbei werden die Flanken der geteilten Treibscheibe mittels Federn zusammen-

Bild 36: Treibscheibenwinde mit Speichertrommel

gedrückt, so daß ein Klemmen des Seiles erfolgt. Ein Ausweichen des Seiles nach außen wird durch eine tangential angeordnete Rolle verhindert. Hierdurch wird die notwendige Vorspannung in das Seil eingeleitet, um über den Umschlingungswinkel die geforderte Zugkraft mit entsprechender Sicherheit zu erreichen. Die Wirkung ist also ähnlich wie bei der Trommelwinde, nur wird das Seil, anstatt über eine glatte Trommel, über zwei mit Rillen versehene Treibscheiben geführt. Die Zugkraft errechnet sich aus der Eytelwein'schen Formel

$$p_1 = p_2 \cdot e^{\mu \cdot \infty}$$

wobei in unserem Fall der Umschlingungswinkel 10 × 180° beträgt

$$p_1 = p_2 \cdot e^{\mu \cdot 10\pi}$$

Das von der Treibscheibenwinde ablaufende Seil läuft in eine Speichertrommel und legt sich dort innen an die Außenwand an und dreht dadurch die Speichertrommel. Da das Drahtseil ohne jede Vorspannung in die Trommel läuft, können keine Quetschungen innerhalb der einzelnen Seilwicklungen bzw. Seillagen auftreten.

Seilgeschwindigkeit und Zugkräfte

Die Seilgeschwindigkeit wird hydraulisch stufenlos geregelt und ist primär von der vorhandenen Ölmenge pro Minute abhängig. Darüber hinaus hat das Getriebe eine Zweigangschaltung für:

Stufe 1 (mit Last) =
kleine Geschwindigkeit, etwa 9 m/min. Arbeitsgang,
Stufe 2 (ohne Last) =
Schnellgang zum Ein- und Ausfahren des Leerseils,
etwa 45 m/min.

Da das Seil nicht mehr von Hand abgezogen werden kann, ist die höhere Seilgeschwindigkeit in der Stufe 2 wichtig. Über die

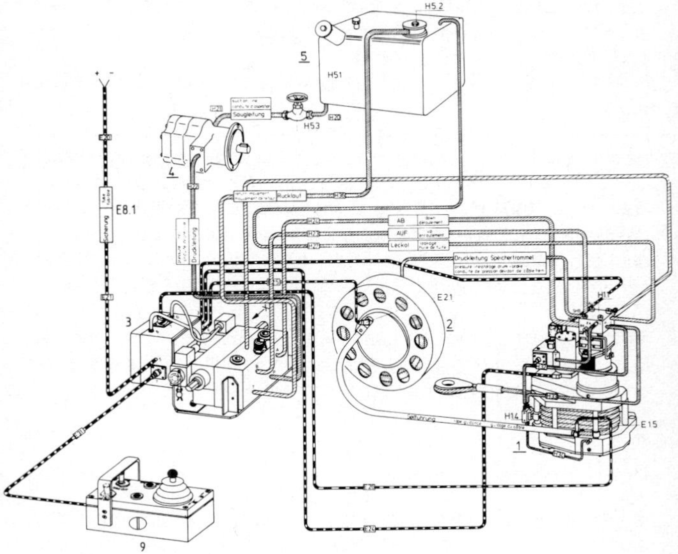

Bild 37: Aufbau einer Treibscheibenwinde

- 1 = Treibmatic
- 2 = Speichertrommel
- 3 = elektro-hydr. Steuerung
- 4 = Ölpumpe
- 5 = Öltank
- 8.1 = Hauptsicherung
- 9 = Bediengerät im Fahrerhaus
- E2.1 = Überwachungsschalter Speichertrommel
- E1.5 = Seilüberwachung – Schlaufe
- H1.4 = Schlaffseilsicherung

gesamte Seillänge ist die Zugkraft konstant. Sie beträgt z. B. bei einer Nennzugkraft der Treibscheibenwinde von 50 kN im Arbeitsgang (Stufe 1):
50 kN plus 20% bei einem Arbeitsdruck von ca. 150 bis 160 bar.
Das Ausziehen des Leerseiles geschieht – wie bereits erwähnt – nicht mehr von Hand, sondern muß maschinell erfolgen. Hierbei ist zu beachten, daß das Seil kontinuierlich weggezogen wird. Läßt dieser Zug nach, bildet sich im Gerät Schlaffseil, so daß sich das Seil verwickeln könnte, wenn dies nicht durch einen Überwachungsschalter verhindert würde. Der Überwachungsschalter spricht beim abhebenden Seil sofort an und schaltet das Gerät ab (Abb. 37).
Ganz abgezogen werden kann das Seil deshalb nicht, weil ein Endschalter in dem Moment das Gerät abschaltet, wenn das Seilende die Speichertrommel verlassen will.

Der hydraulische Antrieb

ist für den Betrieb der maschinellen Zugeinrichtungen das Optimum, um technische Hilfeleistungen so erfolgreich und dabei doch so unfallsicher wie möglich durchführen zu können. Die Vorteile sind:

- weiches Anfahren unter jeder Last,
- stufenlose Geschwindigkeitsregelung, die von 0 bis zu der vom Hersteller angegebenen Geschwindigkeit reicht,
- genaue Begrenzung der Zugleistung und damit Ausschaltung von schädlichen Überlastungen,
- leichteres Gerät durch Hochdruckhydraulik und
- mehrere Verbraucher lassen sich mit einer Hydraulikanlage betreiben.

Der hydr. Antrieb besteht im wesentlichen aus Ölmotor, Steuerungsventilen, möglichst vorgesteuertem Überdruckventil und den Bedienungselementen.

Seile – Seilsicherheit – Seilspulung

Seilsicherheit

Je öfter die Seilwinde im Einsatz ist, desto größer ist die Beanspruchung des Drahtseiles. Den Drahtseil-∅ errechnet man ebenfalls über DIN 15 020 nach der Formel $d_{min} = C. \sqrt{F}$, wobei F die Zugkraft im Drahtseil auf der ersten Seillage ist und C einen Beiwert darstellt. Der Beiwert C ist abhängig von der Einzeldrahtfestigkeit des Drahtseiles und enthält eine Seilsicherheit, die mit steigender Triebwerkgruppe zunimmt. Es ist einleuchtend, daß man ein dünnes und ein dickes Drahtseil nicht um eine Seiltrommel mit dem gleichen Trommel-∅ wickeln kann. Das dicke Seil wird auf dem gleichen Trommel-∅ früher verschlissen sein, als das dünne Seil. Den Beiwert C entnimmt man der Tabelle 3 nach DIN 15 020. Tabelle 4 schreibt vor, wie der Trommel-∅ in Abhängigkeit vom Seil-∅ zu wählen ist.
Nach DIN 14 584 müssen die Drahtseile:

a) hinsichtlich ihres Aufbaues (Litzen und Einzeldrähte) mindestens DIN 3 066 entsprechen,
b) eine Nennfestigkeit des Einzeldrahtes aufweisen, die 1960 N/mm^2 nicht überschreitet,
c) eine rechnerische Bruchkraft aufweisen, die mindestens das Dreifache der Nennzugkraft der Zugeinrichtung hat,
d) in spannungsarmer Machart hergestellt sein,
e) eine Stahlseileinlage haben,
f) verzinkt sein,
g) am freien Ende mit Vollkausche, die einen 40 mm lichten Durchmesser hat (eingespleißt oder mit Preßhülsen) und mit Schäkel in hochfester Ausführung versehen sein.

Drahtseile, die den Anforderungen von a) bis g) entsprechen, sind mit: **„Für DIN 14 584“** dauerhaft zu kennzeichnen.

Tabelle 3: Beiwerte C

Trieb-werk-gruppe	C in mm/$\sqrt{N}$ für maschinelle Zugeinrichtung							
	nicht drehungsfreie Drahtseile					drehungsfreie bzw. drehungsarme Drahtseile		
	Nennfestigkeit der Einzeldrähte in N/mm^2							
	1570	1770	1960	2160	2450	1570	1770	1960
1 E_m	–	0,0670	0,0630	0,0600	0,0560	–	0,0710	0,0670
1 D_m	–	0,0710	0,0670	0,0630	0,0600	–	0,0750	0,0710
1 C_m	–	0,0750	0,0710	0,0670		–	0,0800	0,0750

Tabelle 4: Beiwerte h_1

Trieb-werk-gruppe	h_1 für					
	Seiltrommel und		Seilrolle und		Ausgleichrolle und	
	(Bergewinde) nicht drehungsfreie Drahtseile	(Kranwinde) drehungsfreie bzw. drehungsarme Drahtseile	nicht drehungs-freie Drahtseile	drehungsfreie bzw. drehungsarme Drahtseile	nicht drehungs-freie Drahtseile	drehungsfreie bzw. drehungsarme Drahtseile
1 E_m	10	11,2	11,2	12,5	10	12,5
1 D_m	11,2	12,5	12,5	14	10	12,5
1 C_m	12,5	14	14	16	12,5	14

Seilspulung (Abb. 38)

Das Drahtseil ist das größte Verschleißteil bei der maschinellen Zugeinrichtung. Da ein defektes Drahtseil eine erhebliche Gefahrenquelle darstellt und bei einem Bruch oft bedeutende Zeitverluste auftreten, sollte alles getan werden, um eine große Lebensdauer des Seiles zu gewährleisten. Nur wenn das Drahtseil immer winkelrecht zur Achse der Seiltrommel aufläuft, kann eine einwandfreie Spulung garantiert werden. Dies ist z. B. im praktischen Seilwindenbetrieb ohne Spulvorrichtung unmöglich. Als Folge davon spult sich das Drahtseil nicht Lage neben Lage auf, sondern oft kreuz und quer. Dadurch entstehen Quetschstellen, die das Seil teilweise schon nach einem halben Dutzend Zügen unbrauchbar machen.
Man unterscheidet zwei Arten von Seilspulvorrichtungen:

a) die zwangsläufig gesteuerte Seilspulvorrichtung, die vor der Seilwinde angeordnet ist,
b) die Seilspulvorrichtung, die aus einem fixen Anlaufpunkt des Seiles besteht, der darüber hinaus in einem solchen Abstand vor der Achse der Seiltrommel angebracht wird, daß sich zwischen Anlaufpunkt und Trommelachse ein Seilablenkwinkel ergibt, der etwa 2,5° nicht überschreitet (Abb. 39).

Die zwangsläufig gesteuerte Seilspulvorrichtung hat ein Seilführungsfenster, das auf einer Spindel parallel zur Trommelachse der Seilwinde mit einer solchen Geschwindigkeit hin und her verschoben wird, daß sich Seillage neben Seillage legen kann. Aus Platzgründen liegt die Seilspulvorrichtung möglichst dicht vor der Seilwinde und bildet mit dieser eine Einheit. Bekannt sind zwei Ausführungsarten. Diese unterscheiden sich nur darin, daß das Seilführungsfenster entweder von einer Kreuzspindel mittels eines Kulissensteins oder auf einer mit einem Trapezgewinde versehenen Spindel verschoben wird. Die erste Ausführung ist preisgünstiger als die zweite, dafür aber auch verschleißanfälliger.
Zwangsläufige Spulvorrichtungen haben den Nachteil, daß sie materialintensiver ausgeführt sein müssen, um die erheblichen

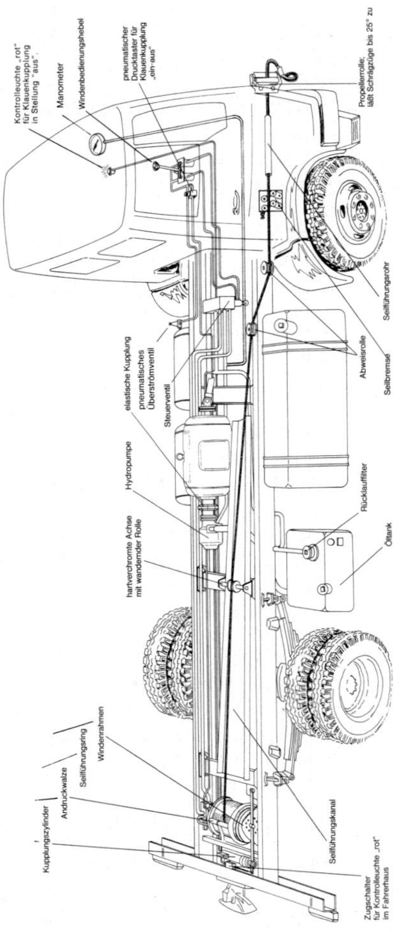

Bild 38: Eingebaute 3°-Seilspulvorrichtung

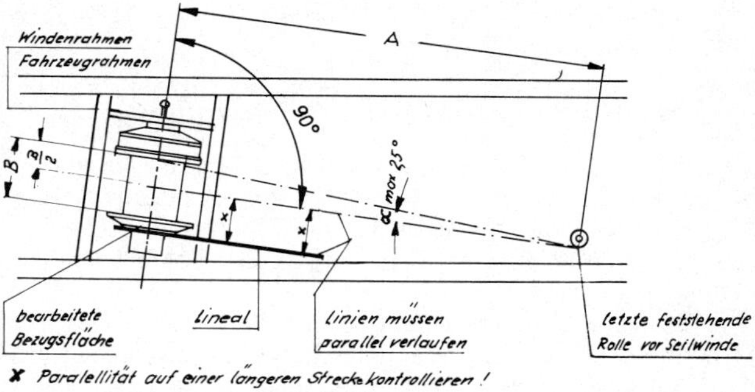

Bild 39: Hinweise zum Einbau einer Trommelwinde nach dem 3°-Prinzip

Kräfte immer aufnehmen zu können, die bei seitlichen Zügen auftreten.

Das heißt: Bei einem seitlichen Zug unter 30° und einer Zugkraft im Seil von 50 kN ergibt sich eine Schubkraft von etwa 30 kN, die primär vom Gehäuse der Spulvorrichtung aufgenommen werden muß. Die materialintensive Ausbildung der Spulvorrichtung führt also dazu, daß das Gesamtgewicht des Seilwindenaufbaues – insbesondere bei der Vorbauseilwinde – sich weiter vergrößert und damit die Belastung der Vorderachse weiter erhöht. Außerdem dürfte in der Regel der vordere Überhangwinkel des Fahrzeuges ungünstiger werden.

Die Nachteile der zwangsläufigen Spulvorrichtung werden durch die Spulvorrichtung mit fixem Anlaufpunkt zum größten Teil beseitigt.

Die Vorteile sind: geringes Gewicht, keine Beeinträchtigung des Überhangwinkels, einfache Funktion, keine Störanfälligkeit und geringer Seilverschleiß.

Bei der Treibscheiben-Winde tritt das Spulungsproblem nicht auf, da der Seileinlauf auf die Seiltrommel durch eine vorgeschaltete Rolle eindeutig fixiert werden kann. Wenn diese Rolle direkt vor der Treibscheiben-Winde sitzt, sind bereits vor der Winde beliebige Schrägzüge möglich.

Sonstige Forderungen an die Zugeinrichtung

- Die Nennzugkraft ist bereits bei einer Seilgeschwindigkeit von 0,1 m/s sicherzustellen. Darüber hinaus ist eine verstellbare Seilgeschwindigkeit erforderlich, um Rettungs- und Bergungsarbeiten feinfühlig und mit der notwendigen Sorgfalt durchführen zu können.
- Die Überlastsicherung muß spätestens bei 120% der Nennzugkraft – bei Seilwinden in der untersten Lage – ansprechen. (Daß Überlastsicherungen nicht im Rettungsdienst geeignet sind, sofern sie nach dem Ansprechen austauschbare Teile [Scherstifte u. a.] benötigen, daran sei an dieser Stelle erinnert.)
- Beim Ansprechen des Überlastungsschutzes und beim Umsteuern darf die Last nicht ablaufen. Nach dem Ansprechen muß jedoch ein gesteuertes, langsames, vollständiges Entlasten möglich sein.
- Schrägzüge mit und ohne Last (Schlaffseil) zur Fahrzeuglängsachse bis zu einem Schrägzugwinkel von mindestens 25° nach rechts und links müssen möglich sein (Abb. 32). Da bei einem Schrägzug von 25° nicht mehr in jedem Falle die Nennzugkraft gefahren werden kann, empfiehlt es sich, bei einer Fahrzeugbeschaffung entsprechende Forderungen zu stellen.
- Der Bedienungsstand muß sich außerhalb des Gefahrenbereiches befinden, damit springende Seile oder abfallende Lasten das Bedienungspersonal nicht gefährden. Vom Bedienungsstand aus muß ferner das ankommende Seil sichtbar, besser noch die Sicht zur Last möglich sein, um dem Maschinisten das Steuern der Zugeinrichtung zu erleichtern.
- Beim Abziehen des Drahtseiles darf die Trommel nicht nachlaufen.
- Das Seil auf der Trommelwinde muß durch Lasche, Keilschloß oder Klemmtasche befestigt werden können. Andere Befestigungen haben sich nicht bewährt.

Unterlegkeile (Bild 40)

Durch Versuche wurde nachgewiesen, daß die Spezialunterlegkeile, wie sie DIN 14584 fordert, wesentlich vorteilhafter sind als die Unterlegkeile, die normalerweise den Feuerwehrfahrzeugen von den Herstellern mitgegeben werden. Der Unterschied betrug bis zu 30%. Um die Nennzugkraft einer Zugeinrichtung möglichst ohne zusätzliche Verankerung des Fahrzeuges in Anspruch nehmen zu können – Bäume sind, wenn man sie braucht, nicht vorhanden und Erdanker lassen sich oft auch nicht anbringen – sollten die Unterlegkeile der

Größe 1 für eine Nennzugkraft	bis 50 kN
Größe 2 für eine Nennzugkraft	ab 50 kN

entsprechen.

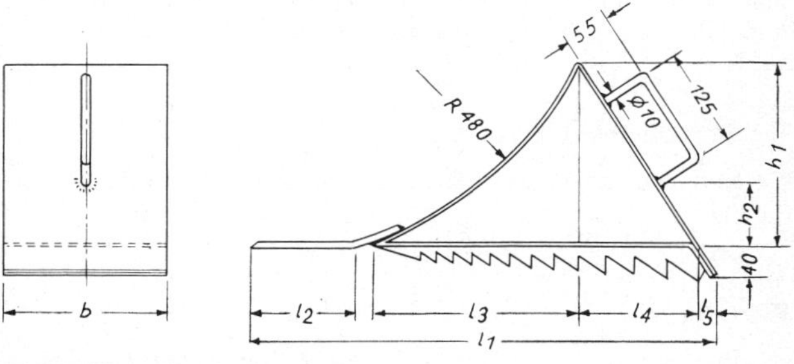

Bild 40: Spezial-Unterlegkeil

Betriebsvorschriften und Wartung

Allgemeines

Zu beachten ist neben den Betriebsvorschriften des jeweiligen Herstellers folgendes:

Feuerwehrfahrzeuge so aufstellen, daß Fahrzeuglängsachse und Zugrichtung parallel verlaufen,
Feuerwehrfahrzeuge ausreichend abbremsen (Vollbremsen) und die Unterlegkeile (mindestens zwei) vor die Räder legen, bei denen das Seil unter Last ankommt,
keine schadhaften Seile und nur geeignete Umlenkrollen verwenden,
sich nicht während des Betriebes im Bereich des belasteten Seiles aufhalten.

Trommelwinde

Die Nennzugkraft ist nur auf der untersten Seillage vorhanden. Bei Betriebsbeginn müssen mindestens vier Seilwicklungen auf der Trommel liegen.
Sofern vom Hersteller nichts anderes festgelegt wird, muß das Aufspulen unter Last immer von unten nach oben erfolgen.

Treibscheibenwinde

Die Nennzugkraft ist auf der gesamten nutzbaren Seillänge vorhanden.

Wartung

Die Wartung ist regelmäßig nach den Angaben des Herstellers durchzuführen. Hierbei ist insbesondere das Drahtseil auf Seilbrüche zu kontrollieren.

Anwendungsbeispiele der maschinell betriebenen Zugeinrichtung

Aus nachstehenden Schemaskizzen sind einige Anwendungsbeispiele ersichtlich (Abb. 41 bis 44)

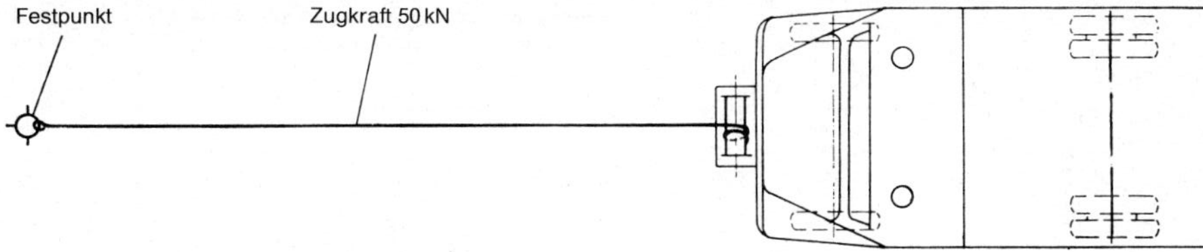

Bild 41: Selbstbergung eines festgefahrenen Fahrzeuges

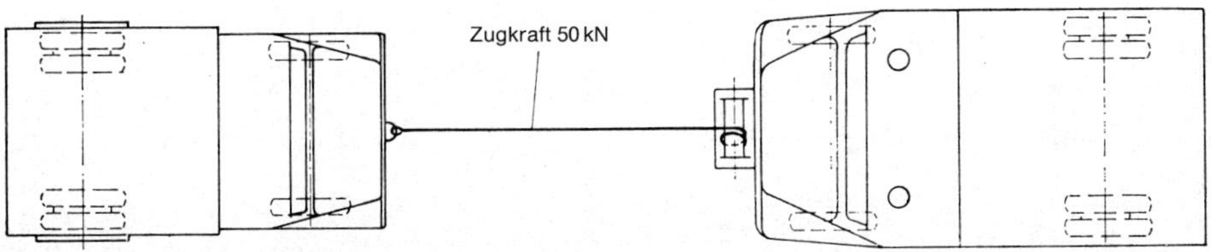

Bild 42: Bergung eines Kraftfahrzeuges im einsträngigen Zug

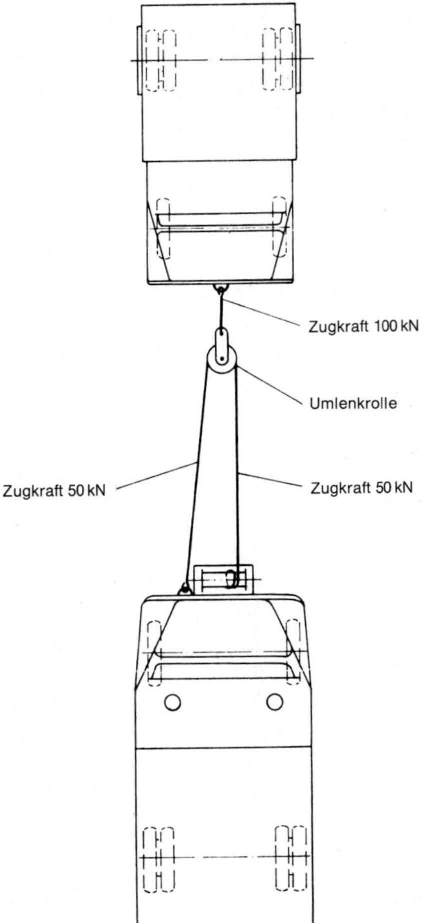

Bild 43: Bergung eines Kraftfahrzeugs mittels einer Umlenkrolle. Die Umlenkrolle ist so eingesetzt, daß sich die Zugkraft verdoppelt

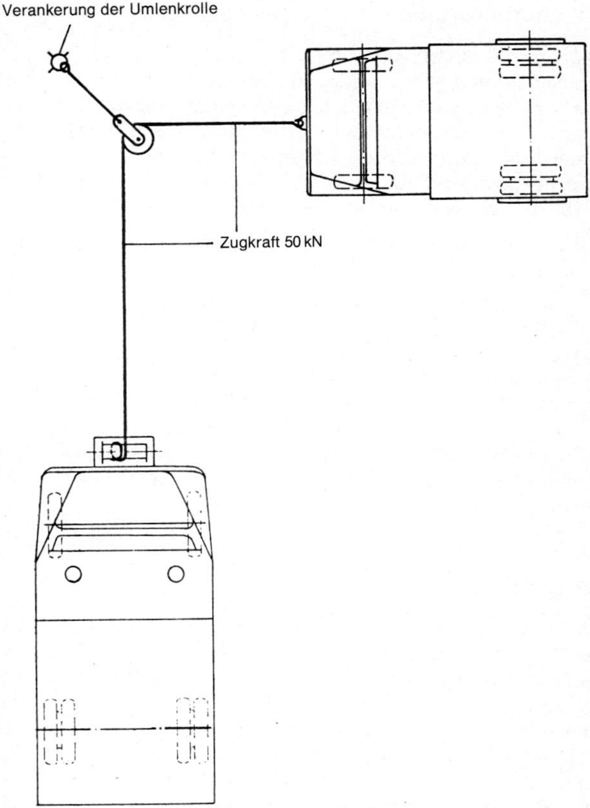

Bild 44: Bergung eines Kraftfahrzeuges im einsträngigen Zug. Verunglücktes Fahrzeug steht im rechten Winkel zur Fahrzeuglängsachse des Rüstwagens. Neben der Umlenkrolle ist ein Festpunkt – z. B. Erdanker – erforderlich

2.3 Stromerzeuger

Eingebaute und tragbare Stromerzeuger für Dreh- und Wechselstrom haben in der Feuerwehr den Zweck, die elektrischen Geräte und Werkzeuge im netzunabhängigen Betrieb unfallsicher zu verwenden. Die Stromerzeuger dürfen nicht zur Einspeisung in bestehende Stromnetze zur Anwendung kommen.
Nachstehende Forderungen aus den Normen DIN 14 685 und DIN 14 686 sind deshalb wichtig:

- Nennspannung: 400/230 V (Dreh-/Wechselstrom),
- Frequenz: 50 Hz,
- Leistungsfaktor: cos = 0,8,
- nur 5- bzw. 3-poliges System mit Potentialausgleichsschaltung als Schutzmaßnahme,
- Schutzleiter-Prüfeinrichtung,
- Schutzart mind. IP 44 nach DIN 40 050,
- nahentstört, Entstörgrad N nach VDE 0875,
- für Drehstromanschlüsse RST-Schaltung, Drehrichtung rechts,
- möglichst nur schutzisolierte elektrische Geräte und Werkzeuge.

2.4 Lichtmast

Ein am Rüstwagen befindlicher Lichtmast als Schnell-Einsatzbeleuchtung muß elektrisch ständig angeschlossen sein und sich mind. auf die Höhe von 5,50 m (unterste Lichtpunkthöhe, gemessen von der Standfläche des Fahrzeuges bis zur Unterkante der untersten Leuchte), ausfahren lassen. Die am Kopf des Lichtmastes befindlichen Flutlichtstrahler müssen sich vom Dach des Fahrzeuges aus mind. um 180° nach beiden Seiten drehen und um mind. 40° nach oben und unten schwenken lassen. Die Bedienung des Lichtmastes erfolgt im Regelfall vom Schaltschrank des eingebauten Stromerzeugers aus. Ein auch nur teilweise ausgefahrener Lichtmast wird im Fahrerraum optisch durch eine rote Kontrolleuchte angezeigt.

Der Lichtmast besteht aus mehreren Teleskopen, die entweder von Hand oder maschinell aus- und eingefahren werden. Am Lichtmastkopf sind neben den Flutlichtstrahlern und dem elektrischen Kabel Ösen zum Befestigen der Sturmverspannung vorhanden. Zur Sicherung der Einsatzstelle ist eine blaue Kennleuchte nach DIN 14620 oben auf dem Mast sinnvoll.

3. Gerätewagen

Der Gerätewagen ist ein Fahrzeug, das zum Bereitstellen von Geräten zur technischen Hilfeleistung eingesetzt wird.
Genormte Gerätewagen sind in folgende Fahrzeugtypen eingeteilt:

GW Gerätewagen
GW–G1 Gerätewagen-Gefahrgut (3,5 t)
GW–G2 Gerätewagen-Gefahrgut (7,5 t)
GW–G3 Gerätewagen-Gefahrgut (11,0 t)

Weiterhin gibt es Gerätewagen für weitere spezielle Einsätze, wie z. B.:

GW-Meßtechnik
GW-Atemschutz
GW-Wasserrettung

Gerätewagen-Gefahrgut

Bei Schadensfällen mit gefährlichen Stoffen und Gütern nimmt die Bedeutung der Gerätewagen-Gefahrgut bzw. auch die der Gerätewagen-Meßtechnik immer mehr zu.
Diese Fahrzeuge sind so konzipiert, daß mit diesen Sofortmaßnahmen bei der Bekämpfung von Unfällen mit gefährlichen Stoffen sowie die Bekämpfung von Mineral-Öl-Unfällen durchgeführt werden können.
Die GW-G bzw. GW-Meßtechnik rücken mit einem Löschfahrzeug und mit einem Rüstwagen zusammen zur Einsatzstelle aus.
Die Beladung beinhaltet u. a., daß weitgehend säure-, laugen- und ölbeständige Kunststoffbehälter als Lagerung für die Beladung dienen. Alle metallischen Teile, wie z. B. Armaturen und Kupplungen, die mit gefährlichen Stoffen in Berührung kommen,

müssen aus nichtrostendem Stahl-Werkstoff-Nr. 1.4571 DIN 17440 bestehen.
Für Gußteile wird nichtrostender Stahlguß der Werkstoff-Nr. 1.4408 DIN 17445 verwendet.
Sämtliche formbeständige Schläuche müssen für Saug- und Druckbetrieb geeignet und elektrisch leitfähig sein. Um die Haltbarkeit sicherzustellen werden Biegeradien

für Schläuche DN 32 mit 160 mm und
für Schläuche DN 50 mit 250 mm

festgelegt.
Auch müssen die Schläuche noch bei Temperaturen von –20 °C handbar sein, d. h. gebogen werden können.
Die Schlauchkupplungen (Einbindungen) müssen Erdungsfahnen (M 8) mit unverlierbaren Flügelmuttern haben.
Der Schlaucheinband muß mittels Preßfassung erfolgen.
Die Anschlußmöglichkeiten der Schläuche, Pumpen, Armaturen und Behälter müssen Schlauchverschraubungen, mit den

Bild 45: Gerätewagen Gefahrgut GW-G3

Anschlußmaßen nach DIN 11 854, haben; auf einer Seite hat man den Gewindestutzen, auf der anderen Seite den Kegelstutzen mit beweglicher Nutüberwurfmutter (unverlierbar).
Kupplungsdichtungen bestehen aus Fluorkautschuk (FKM) und Gewindedichtungen aus Polytetrafluorethylen (PTFE).
Weitere Einzelheiten über die Beschaffenheit der Ausrüstungsteile werden in der DIN 15 555 T 12–T 14 aufgeführt.
Wichtig ist aber, daß zur Sicherstellung der elektrischen Leitfähigkeit die Schläuche wiederkehrenden Prüfungen unterzogen werden müssen.
Da die Bundesländer für den Gefahrgutbereich verschiedene Gerätewagen-Gefahrgut konzipiert haben, sah der Normenausschuß Bedarf für die Normierung von 3 verschiedenen Typen.
So wurde der kleine GW-G1, der in den Bundesländern NRW und Sachsen durch Ländererlaß schon eingeführt wurde, nun in eine Norm gefaßt.

Bild 46: Gerätewagen Gefahrgut 3,5 t – Geräte auf festen Halterungen –

Bei dem GW-G1 handelt es sich um einen serienmäßigen Kastenwagen, wobei das zul. Gesamtgewicht max. 3500 kg betragen darf. Der Geräteraum darf auch aus einem Koffer bestehen.
Der GW-G2 ist ein Fahrzeug mit max. zul. Gesamtgewicht von 7500 kg. Neben serienmäßigen Kastenwagen ist auch ein Fahrgestell mit serienmäßigem Koffer möglich.
Dies gilt auch für den GW-G3, der aber ein zul. Gesamtgewicht von 11 000 kg haben darf.
Die umfangreiche Beladung der drei Gerätewagen-Gefahrgut zeigt die Tab. 5.

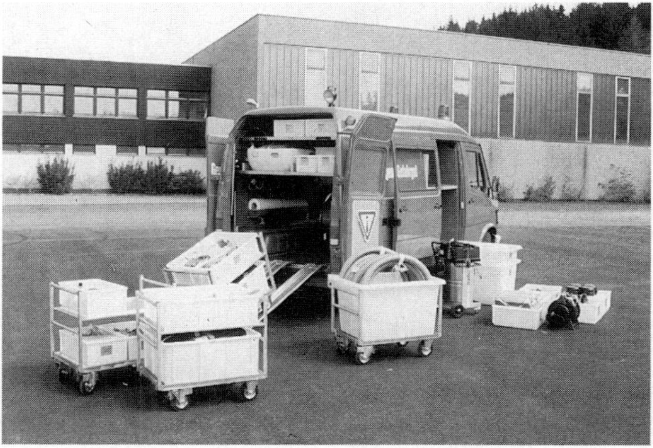

Bild 47: Gerätewagen Gefahrgut 3,5 t – Geräte auf fahrbaren Wagen gelagert –

Tabelle 5

Beladeliste für: **Gerätewagen-Gefahrgut (3,5 t, 7,5 t, 11 t)** **Gerätebeschreibung**	nach DIN	Stück-gewicht kg (max)	GW-G1 3,5 t	GW-G2 7,5 t	GW-G3 11 t
1 Schutzkleidung und Schutzgerät Chemikalienschutzanzug CSF nach VFDB-Richtlinie 0801		9,5	4	6	6
Schutzhülle, wiederverwendbar mind. 0,2 mm dick		0,5	4	6	6
Chemikalienschutzanzug CSF-A nach VFDB-Richtlinie		8			(6)
Schutzhülle, wiederverwendbar mind. 0,2 mm dick		0,5	–	–	(6)
Schutzkleidung, ölbeständig, chemikalienbeständig und flammenhemmd wirkend (Schutzwirkung nach Angabe des Herstellers), verpackt in Packtasche; bestehend aus: Form II: Kopfhaube mit wechselbarem Flammschutzsieb, passend für Feuerwehrhelm nach DIN 14940; Farbe mit Warnwirkung ähnlich DIN 30711 Teil 1 Schutzjacke ohne Taschen, verdeckter Verschluß, Farbe mit Warnwirkung ähnlich DIN 30711 Teil 1 Latzhose ohne Seitentaschen, Brustlatz mit Tasche, Träger elastisch und verstellbar, Farbe mit Warnwirkung Fünffingerhandschuhe mit langen Stulpen		3	(2)	(4)	(6)
Schutzschuhe S 5 HRO aus PVC oder gleichwertigem Werkstoff	EN 345		4	4	6

Hitzeschutzkleidung, glanzverspiegelt, Außenfläche flüssigkeitsabweisend, verpackt in Packtasche, bestehend aus: Form II: Mantel oder Umhang mit fest angebrachter Kopfhaube, Paar Fünffingerhandschuhe mit langen Stulpen		4	–	–	2
Warnkleidung W1 (Weste), mit Aufschrift „Feuerwehr" auf Rückseite	30711 Teil 1	0,5	2	3	3
Leichter Chemikalienschutzanzug Werkstoff mind. Beständigkeit von PVC, Nähte und Werkstoff flüssigkeitsdicht, Ausführung als Overall		1	4	6	12
Wathose, mineralölbeständig, mit angearbeiteten Schutzschuhen S 5 HRO aus PVC		4	–	2	2
Trainingsanzug (Material mit mindestens 50% Baumwolle)		1	4	6	6
Paar Turnschuhe		(1)	–	(6)	(6)
Paar Einziehsocken		0,1	4	6	6
Paar Schutzhandschuhe F4, aus Leder	4841 T1	0,3	2	3	3
Paar Fünffingerhandschuhe, 35 cm lang, gefüttert, abriebfest und weitgehend öl- und chemikalienbeständig	(4841 Teil 1) ähnlich	0,3	6	12	30
Schutzbrille mit auswechselbaren Klarscheiben, dicht am Auge schließend	58211	0,2	2	2	2

Beladeliste für: **Gerätewagen-Gefahrgut (3,5 t, 7,5 t, 11 t)** **Gerätebeschreibung**	nach DIN	Stück-gewicht kg (max)	GW-G1 3,5 t	GW-G2 7,5 t	GW-G3 11 t
Preßluftatmer 300 oder 200 bar, ohne Atemanschluß (in der für die Feuerwehr anerkannten Ausführung)	EN 137	17,5	2	4	4
Flasche 6-450, Fülldruck 300 bar, mit Flaschenventil, gefüllt mit Druckluft nach DIN 3188		11,5	(2)	(4)	(4)
oder Flasche 4-300, Fülldruck 200 bar, mit Flaschenventil, gefüllt mit Druckluft nach DIN 3188		(6)	(4)	(8)	(8)
Atemanschluß (Vollmaske, in der für die Feuerwehr anerkannten Ausführung)	EN 136	0,8	2	8	8
Tragebüchse für Atemanschluß zur Unterbringung von Sprechgarnituren		0,8	(2)	(4)	(6)
Kombinationsfilter A2 B2 E2 K2-P3	EN 141	0,3	4	8	16
2 Löschgerät Feuerlöscher PG 12 H mit Kfz-Halterung	14406 T1	20	–	1	2
Feuerlöscher PG 6 H	EN 3-1-2-4-5	11	1	–	–

3 Schläuche, Armaturen und Zubehör Arbeitsleine (Halteleine oder Ventilleine) A 20-K (Karabinerhaken aus nichtrostendem Stahl)	14920	1,7	2	2	4
Kupplungsschlüssel BC-NF	14822 T1	0,5	–	2	2
Schachthaken (mit Kette), verzinkt		0,3	2	2	2
4 Rettungsgerät Kappmesser mit Schutzhülle		0,1	1	1	1
Gurtmesser mit Knauf an der Spitze der Schneide, mit Schutzhülle		0,1	1	1	1
5 Sanitäts- und Wiederbelebungsgerät Erste-Hilfe-Kasten für Verbrennungen u. Verätzungen, u. a. mit Augenspülflasche		4	1	1	1
Kanister, 20 l, aus Kunststoff, gefüllt mit Wasser, beschriftet, mit Zapfventil und Schlauch ≈ 200 mm lang		22	–	–	1
Dose mit 500 ml Körperschutzcreme, gegen Säuren, Laugen, Salzlösungen, Lösemittel, Harze, Härter, Phenole, Plattierungslösungen, Reinigungsmittel		0,5	–	1	1
Packung Schmierseife		0,5	–	–	2
6 Beleuchtungs-, Signal- und Fernmeldegerät Handscheinwerfer Ex-100 mit Batterie und Lampen oder Handscheinwerfer HW-Ex mit Batterie und Lampen	14642 14646	3 (2,8)	2 –	3 –	3 (3)

Beladeliste für: Gerätewagen-Gefahrgut (3,5 t, 7,5 t, 11 t) Gerätebeschreibung	nach DIN	Stück-gewicht kg (max)	GW-G1 3,5 t	GW-G2 7,5 t	GW-G3 11 t
Kasten mit Ersatzlampen für Beleuchtungsgerät		1,2	1	1	1
Flutlichtstrahler, spritzwassergeschützt (Schutzart DIN 40050-IP 54) 230 V/50 Hz 1000 W, mit 10 m langer Anschlußleitung H07RN-F3 G 1,5 nach DIN VDE 0282 Teil 810 Stecker 16A nach DIN 49443 und Lampe		5	–	2	2
Kabelleuchte mit Lampe, stoßfest, explosionsgeschützt, für Umfüllpumpe nach DIN 14424, mit 10 m langer Anschlußleitung H07RN-F2 G 1,5 nach DIN VDE 0282 Teil 810, mit explosionsgeschütztem Stecker		5	1	1	1
Stativ, auf mindestens 3,5 m ausziehbar, mit Aufsteckzapfen C nach DIN 14640, mit Sturmverspannung		15	–	1	1
Leitungstrommel A 1-3 × 2,5–45	14680 T2	21	1	1	2
Verbindungskabel 230 V 10 m lang als Verbindung zwischen Kabelleuchte und Kabeltrommel (H07RN-F3 G 2,5)		4	1	–	–
Leitung H07RN-F5 G 2,5 nach DIN VDE 0282, Teil 810, 45 m lang, mit explosionsgeschütztem Stecker und explosionsgeschützter Kupplung mit Schutzkappe, aufgewickelt auf Leitungstrommel ähnlich A1 DIN 14680, ohne Schleifringe, mit Fußflächen aus nicht funkenreißendem Werkstoff		24	1	2	2

Verteiler, explosionsgeschützt, 2 Steckdosen 230 V, 1 Zuleitung H07RN-F3 G 2,5 mit Stecker 230 V, mit Schutzkappe		6	1	–	–
Verteiler, explosionsgeschützt, 2 Steckdosen 230 V, 2 Steckdosen 400 V, 1 Zuleitung H07RN-F5 G 2,5 nach DIN VDE 0282 Teil 810, mit Stecker 400 V mit Schutzkappe		8	–	1	1
Aufnahmebrücke für 2 Flutlichtstrahler, aufsteckbar auf Aufsteckzapfen C nach DIN 14640		1	–	1	1
Abzweigstück, 3fach, strahlwassergeschützt (Schutzart DIN 40050-IP 55)		1	–	1	1
Warndreieck nach StVZO		2	2	2	2
Warnleuchte nach StVZO		1	2	2	2
Warnflagge, 500 mm × 500 mm weiß-rot-weiß		0,25	–	–	2
Winkerkelle, beleuchtet, beidseitig leuchtend (Stabwinker)		0,7	–	1	1
Verkehrsleitkegel mit Reflex-Folie ≈ 500 mm hoch		1,6	–	4	8
Folienabsperrband aus Polyethylen, ≈ 80 mm breit, beidseitig rot-weiß gestreift, 500 m lang, in Abrollkarton		4	1	1	1
Stütze für Folienabsperrband ≈ 1000 mm lang, verzinkt		1,2	–	6	10
Textschild „Betreten der Einsatzstelle verboten“, 600 × 800 mm, mind. 2 mm dick, reflektierend, aus Kunststoff		0,5	2	2	2

Beladeliste für: Gerätewagen-Gefahrgut (3,5 t, 7,5 t, 11 t) Gerätebeschreibung	nach DIN	Stück-gewicht kg (max)	GW-G1 3,5 t	GW-G2 7,5 t	GW-G3 11 t
Zeichen 250 StVO „Verbot für Fahrzeuge aller Art“, mindestens 2 mm dick, reflektierend, aus Kunststoff		1	2	2	2
Ständer für Warnschild, verzinkt, geeignet zur Aufnahme von 2 Schildern, zusammenlegbar, standfeste Ausführung		5	2	2	2
Verkehrswarngerät für beidseitigen Lichtaustritt, mit Signalscheibe von mind. 150 mm Durchmesser, mit Batterie		(3,5)	–	–	2
Hand-Sprechfunkgerät im 2-m-Bereich in ex-geschützter Ausführung		1	2	4	4
Hörsprechgarnitur für Schutzanzug		0,25	2	4	6
7 Arbeitsgerät					
Faßpumpenmotor, 230 V, f. Pumpenwerke nichtrostender Stahl u. PP verwendbar, explosionsgeschützt, Zündschutzart EEx de II CT 6, mit 10 m Anschlußleitung H07RN-F3 G 1,5 nach DIN VDE 0282 Teil 810 mit explosionsgeschütztem Stecker mit Schutzkappe, funkentstört, mit Ein- und Ausschalter und Überstromschutzschalter, Schutzart DIN 40050-IP 54, Förderstrom ≈ 100 l/min bei Ausgangsdruck 0,4 bar, Motorgehäuse mit Säureschutzlack lackiert oder gleichwertig beständig, Zone 0		8	1	1	1

Massekabel, beidseitig mit Kabelschuh von 8 mm Querschnitt, ≈ 2 m lang		0,2	1	1	1
Faßpumpen-Pumpwerk aus nichtrostendem Stahl, 41 mm Durchmesser, 1200 mm lang, Rotor und Dichtungen aus PTFE, Schlauchanschluß Gewindestutzen DN 50 für Säurekupplung		10	1	1	1
Faßpumpen-Pumpwerk aus PP, 40 mm Durchmesser, 1200 mm lang, Rotor und Dichtungen aus PTFE, Schlauchanschluß Gewindestutzen DN 50 für Säurekupplung mit Schild „Nicht zugelassen zum Umpumpen brennbarer Flüssigkeiten“		2	1	1	1
Fußsieb aus nichtrostendem Stahl für Stahl-Tauchrohr		0,3	1	1	1
Fußsieb aus PP, für Tauchrohr PP		0,2	1	1	1
Tauchpumpe, explosionsgeschützt, Zündschutzart EEx d II BT 4, Metallteile nichtrostender Stahl, Dichtungen aus PTFE, mit Kabelschutzschlauch aus PTFE, 5 m lang, der gegen mechanische Beschädigungen geschützt ist und der am Eingang in die Pumpe so gestaltet ist, daß er auch bei häufiger Biegebeanspruchung dicht bleibt, indem eine Begrenzung der möglichen Biegeradien beim Eingang in die Pumpe vorgenommen wird, mit explosionsgeschütztem Stecker und explosionsgeschütztem Motorschutzschalter, 380 V/1000 W, mit 8 m Anschlußleitung, mit Gewindestutzen DN 50 für Säurekupplung, Förderstrom		50 15	– –	– –	(1) (1)

Beladeliste für: **Gerätewagen-Gefahrgut (3,5 t, 7,5 t, 11 t)** **Gerätebeschreibung**	nach DIN	Stück-gewicht kg (max)	GW-G1 3,5 t	GW-G2 7,5 t	GW-G3 11 t
≈ 240 l/min bei Ausgangsdruck 0,8 bar, ≈ 340 l/min bei Ausgangsdruck 0,4 bar, Sieb für Korngröße bis 8 mm Durchmesser; mit Schild: „Nicht zugelassen zum Umpumpen brennbarer Flüssigkeiten“					
Halteseil aus nichtrostendem Stahl mit Edelstahlkarabinerhaken für Tauchpumpe		3,5	–	–	(1)
Handmembranpumpe, druckseitig mit Gewindestutzen DN 50, saugseitig mit Kegelstutzen und Nutmutter DN 50, mit Dichtungen aus FKM; Fördermenge 3,5 l/Hub, Förderhöhe ≈ 6 m, Saughöhe ≈ 5 m; Korngröße mind. 10 mm Durchmesser, Durchflußrichtung dauerhaft gekennzeichnet; Tragegestell und Pumpenhebel aus nichtrostendem Stahl, Pumpenhebel ≈ 1,2 m lang, mit Kälteschutzgriff, mit 2 Ersatzmembranen und Ersatzdichtungen für Pumpe (Satz), Spritzschutz über Membran		11,5	1	1	1
Gefahrgut-Umfüllpumpe GUP 3-1,5 – als Kreiselpumpe – Gefahrgut-Umfüllpumpe GUP 3-1,5 – als Schlauchpumpe –	14427 14427	90 90	– –	(1) 1	1 1
Industriesauger für Schmutzwasseraufnahme, ≈ 50 l Inhalt, 230 V, mit Schild „Nicht zugelassen zum Umpumpen		40	1	1	1

brennbarer Flüssigkeiten“, mit 10 m langer Anschlußleitung H07RN-F3 G 1,5 nach DIN VDE 0282 Teil 810, mit Stecker und mit Zubehör, bestehend aus 4 m langem Saugschlauch und Aufnahmedüse					
Bindestrang, 2 m lang, 8 mm Durchmesser, eine Seite mit Öse		0,1	–	6	10
Bindestrang, 4 m lang, 8 mm Durchmesser, eine Seite mit Öse		0,2	–	–	20
Mulde, ähnlich DIN 14060, aus nichtrostendem Stahl, Randhöhe mindestens 180 mm		7	1	2	4
Stromerzeuger 2 kVA mit Zubehör 5 kVA mit Zubehör/oder 8 kVA mit Zubehör	 14685 14688	52 115 150	1 – 	– 1 (1)	– – 1
Abgasschlauch 50 × 1500	14572	2,5	1	1	1
Schäkel, ähnlich Form C, Nenngröße 3, Beanspruchung bis 100 kN, verzinkt	82101	2	–	–	2
Sackkarre zusammenklappbar, Mindesttraglast 160 kg			–	1	1
Überdruckbelüfter m. explosionssicherem Antrieb		40	–	–	(1)
8 Handwerkzeug und Meßgerät Werkzeugkasten 5teilig, aus Stahlblech		 4,5	 –	 1	 2
für Werkzeugsatz bestehend aus: Blechschere, 350 mm lang		 0,8	 –	 1	 1

Beladeliste für: Gerätewagen-Gefahrgut (3,5 t, 7,5 t, 11 t) Gerätebeschreibung	nach DIN	Stück-gewicht kg (max)	GW-G1 3,5 t	GW-G2 7,5 t	GW-3G 11 t
Holzhammer B 80	7462	0,7	–	1	1
Hammer 500 S (Schlosserhammer)	1041	0,6	–	1	1
Fäustel 2 S	6475	2,3	–	1	1
Zange 180 mit Grifftüllen	5244	0,4	–	1	1
Flachmeißel 300	6453	1	–	1	1
Schraubendreher A 1 × 5,5	5265	0,1	–	1	1
Schraubendreher A 1,6 × 10	5265	0,2	–	1	1
Satz Doppel-Steckschlüssel Schlüsselweite: 8 × 9, 10 × 11, 12 × 13, 14 ×15, 16 × 17, 18 × 19, 20 × 22, 21 × 23, 24 × 26, 25 × 28, 27 × 30, 30 × 32 einschließlich Quergriffe	896	4	–	1	1
Satz Doppel-Maulschlüssel Schlüsselweite: 6 × 7, 8 × 9, 10 × 11, 12 × 13, 14 × 15, 16 × 17, 18 × 19, 20 × 22, 21 × 23, 24 × 26, 25 × 28, 27 × 32		2,5	–	1	1
Satz Doppel-Ringschlüssel, tiefgekröpft Schlüsselweite: 6 × 7, 8 × 9, 10 × 11, 12 × 13, 14 × 15, 16 × 17, 18 × 19, 20 × 22, 21 × 23, 24 × 26, 25 × 28, 27 × 32, 36 × 41	838	4,5	–	1	1
Werkzeugtasche aus Kunstoff oder Leder, für Werkzeugsatz, bestehend aus:		0,5	1	1	1
Zange B 240, gerauht, ähnlich DIN 5231, jedoch aus nicht funkenreißendem Werkstoff (Wasserpumpenzange)		0,8	1	1	1

Eckrohrzange, nicht funkenreißend, Öffnung bis 55 mm, Länge ≈ 560 mm		2,5	–	1	1
Flachmeißel 300, ähnlich DIN 6453, jedoch aus nicht funkenreißendem Werkstoff mit Handschutz		1	1	1	1
Kupferhammer 1000 S	5130	1,1	1	1	1
Kreuzhacke 3, ähnlich DIN 20109, mit Hackenstiel 950-76-B nach DIN 6437, jedoch aus nicht funkenreißendem Werkstoff		3,2	–	1	1
Spaten 850 mit Griffstiel CY, ähnlich DIN 20152, jedoch aus nicht funkenreißendem Werkstoff		2	–	–	2
Randschaufel 5, ähnlich DIN 20123 m. Griffstiel BY nach DIN 20152 jedoch aus nicht funkenreißendem Werkstoff		2,5	1	1	2
Stoßbesen, mit ≈ 1400 mm langem Stiel, leicht und sicher montierbar, ≈ 400 mm breit (keine Kunststoff-Borsten)		1,5	1	2	2
Gerät zum Messen von Gas- und Dampfgemischen, verpackt in Koffer (vorzugsweise m. d. Maßen des Kastens Größe 2 nach DIN 14880 Teil 1, bestehend aus:		6,4	1	1	1
Prüfröhrchen-Pumpe mit mind. 3000 mm langem Prüfschlauch und folgenden Prüfröchrchen: Ammoniak Chlor Kohlendioxid Kohlenmonoxid Kohlenwasserstoff		3	1	1	1

Beladeliste für: **Gerätewagen-Gefahrgut (3,5 t, 7,5 t, 11 t)** **Gerätebeschreibung**	nach DIN	Stück-gewicht kg (max)	GW-G1 3,5 t	GW-G2 7,5 t	GW-G3 11 t
Nitrose Gase Polytest Salzsäure Schwefelwasserstoff Trichloretylen Alkohol Vinylchlorid Blausäure Phosgen Phenol Phosphorwasserstoff Schwefeldioxid					
Gerätesatz für Probennahme, in Kasten, bestehend aus: Indikatorpapier, Rolle ca. 6 m Packung Öltestpapier 10 Probeflaschen, 100 cm^3 Inhalt 3 Spatel, verschiedene Größen Behälter mit 1 l destilliertem Wasser 5 Weithalsflaschen, 250 ml Inhalt aus PE weich 5 Weithalsflaschen, 1000 ml Inhalt aus PE weich Flasche 500 ml, m. Etylalkohol 90% f. Wischtest 5 Gassammelbeutel (2,5 l Inhalt) mit einem Füllschlauch Packung Filterpapier 110 mm Durchmesser, 100 Stück für Wischtest		12	1	1	1

Kolbenprober f. Luftproben, 100 ml Inhalt, mit Schliffstutzen, absperrbar Tube Wassernachweispaste Probennahmelöffel, auf mindestens 2 m verlängerbar 1 Satz Beschriftungsetiketten, selbstklebend (100 Stück) 1 Signierstift (wasserunlöslich)					
Tragbares Handmeßgerät f. d. Explosionsschutz	ZH 1/ 108	0,5	1	1	1
Tragbares Meßgerät für den Explosionsschutz, mit Ladegerät, Sonde, Prüfschlauch	ZH 1/ 108	5	1	1	1
9 **Sondergerät** Saug- u. Druckschlauch DN 50, säurefest, mit Stahldrahtwendel; Biegeradius 250 mm, 5 m lang, 10 bar, mit Säurekupplungen DN 50			–	6	8
Saug- u. Druckschlauch säurefest, mit Stahldrahtwendel DN 32, für 10 bar, Biegeradius ≈ 160 mm, 10 m lang, mit Säurekupplungen DN 50		12	1	1	2
Saug- u. Druckschlauch DN 32, 5 m lang mit Stahldrahtwendel, Biegeradius ≈ 160 mm, Säurekupplung DN 50		9	2	2	–
Schlauchtragegurt, stufenlos verstellbar		0,3	6	18	20
Saugkorb aus nichtrostendem Stahl, DN 50, mit Gewindestutzen für Säurekupplungen, Eintrittsöffnung mind. 65 mm Durchmesser, mit Dichtungskugel aus NBR		2,5	–	1	1

Beladeliste für: Gerätewagen-Gefahrgut (3,5 t, 7,5 t, 11 t) Gerätebeschreibung	nach DIN	Stück-gewicht kg (max)	GW-G1 3,5 t	GW-G2 7,5 t	GW-G3 11 t
Druckschlauch C 52-15, jedoch mineralölbeständig und elektrisch leitfähig, mit Säurekupplungen DN 50	ähnlich 14811	(8,5)	–	2	2
Saug- u. Druckschlauch DN 32, 2,1 m lang Gewindestutzen DN 50, andererseits eingekerbt ohne Kupplung		4	–	1	1
Kugelhahn, DN 50, aus nichtrostendem Stahl, mit Dichtungen aus PTFE oder FKM, auf einer Seite mit Kegelstutzen mit freibeweglicher Nutmutter, auf der anderen Seite mit Gewindestutzen		4	2	2	2
Auslaufrohr aus nichtrostendem Stahl, 300 mm lang, DN 50, ≈ 45° gekrümmt, mit Kegelstutzen und Nutüberwurfmutter, zum Anschrauben an Kugelhahn		1,4	1	1	1
Übergangsstück aus nichtrostendem Stahl, auf der einen Seite mit Kegelstutzen DN 50, mit Nutüberwurfmutter, auf der anderen Seite mit C-Festkupplung m. Dichtung aus FKM für Saug- und Druckbetrieb		2	1	1	2
Übergangsstück aus nichtrostendem Stahl, auf der einen Seite mit Gewindestutzen DN 50, auf der anderen Seite mit C-Festkupplung, m. Dichtung aus FKM für Saug- und Druckbetrieb		2	1	1	2

Rohrbogen aus nichtrostendem Stahl, ≈ 90° gekrümmt, DN 50, auf der einen Seite mit Gewindestutzen mit Dichtung aus FKM, auf der anderen Seite mit Kegelstutzen und Nutüberwurfmutter; Sehnenlänge mind. 350 mm		2,2	–	1	1
Verbindungsstück aus nichtrostendem Stahl, auf beiden Seiten mit Gewindestutzen DN 50, mit Nutüberwurfmutter für Säurekupplung		1,2	2	2	4
Verbindungsstück aus nichtrostendem Stahl, auf beiden Seiten mit Gewindestutzen DN 50, für Säurekupplung		0,8	2	2	4
Universalkesselwagen-Abfüllkupplung, flüssigkeitsführende Teile aus nichtrostendem Stahl, mit Gewindestutzen DN 50 aus nichtrostendem Stahl, Anpreßdichtung aus FKM		12	1	1 *	1 *
Satz Ersatzdichtungen, bestehend aus je 10 Dichtungen aus FKM für Säurekupplungen DN 50, und 6 C-Saugdichtungen aus FKM		0,5	1	1	1
Tankwagen-Übergangsstück VK 80 aus nichtrostendem Stahl, eine Seite als Kurvenstück mit Gewindedichtung aus PTFE, die andere Seite mit Gewindestutzen DN 50 mit Dichtung aus FKM		3	–	1	2
Tankwagen-Übergangsstück MK 80 aus nichtrostendem Stahl, eine Seite als Dichtringstück mit Formdichtung GSD aus FKM und Gewindedichtung aus PTFE, die andere Seite m. Gewindestutzen DN 50 mit Dichtung aus FKM		3,5	–	1	1

Beladeliste für: **Gerätewagen-Gefahrgut (3,5 t, 7,5 t, 11 t)** **Gerätebeschreibung**	nach DIN	Stück-gewicht kg (max)	GW-G1 3,5 t	GW-G2 7,5 t	GW-G3 11 t
Tankwagen-Übergangsstück VK 50 aus nichtrostendem Stahl, eine Seite als Kurvenstück m. Gewindedichtung aus PTFE, die andere Seite m. Gewindestutzen DN 50 m. Dichtung aus FKM		1	–	1	2
Tankwagen-Übergangsstück MK 50 aus nichtrostendem Stahl, eine Seite als Dichtringstück mit Formdichtung GSD aus FKM und Gewindedichtung aus PTFE, die andere Seite m. Gewindestutzen DN 50 m. Dichtung aus FKM		1,5	–	1	1
Übergangsstück aus nichtrostendem Stahl, Stahl 50,8 mm IG auf Gewindestutzen DN 50 m. Gewindedichtung aus PTFE und Kupplungsdichtung aus FKM		0,5	–	1	1
Übergangsstück aus nichtrostendem Stahl, Stahl 50,8 mm IG auf Kegelstutzen DN 50 m. Nutüberwurfmutter und mit Gewindedichtung aus FKM		0,9	–	1	1
Kesselwagenzwischenstück KWZ5, 140 mm, aus nicht-rostendem Stahl, auf einer Seite mit Dichtung aus FKM, auf der anderen Seite m. Gewindestutzen DN 50 mit Dichtung aus FKM (zum Ableiten aus Bundesbahnkessel-wagen)		3,5	–	1	1

Satz Übergangsstücke aus nichtrostendem Stahl, Flansch mit den Maßen ND 6 nach DIN 2527 mit Dichtrillen auf Gewindestutzen DN 50, mit Dichtung 50 aus FKM, bestehend aus: 1 Flansch DN 40 auf Gewinde DN 50 1 Flansch DN 50 auf Gewinde DN 50 1 Flansch DN 80 auf Gewinde DN 50 1 Flansch DN 100 auf Gewinde DN 50		1	–	1 *	1 *
Satz Übergangsstücke aus nichtrostendem Stahl, Tankwagenflansch mit den Maßen PN 10 nach DIN 28461 auf Gewindestutzen DN 50, m. Dichtung 50 aus FKM, bestehend aus: 1 Tankwagenflansch DN 80 auf Gewinde DN 50 1 Tankwagenflansch DN 100 auf Gewinde DN 50		1	–	1 *	1 *
Satz Flansch-Dichtungen aus PVC weich, mit den Maßen PN 6 nach DIN 2690, 3 mm dick, bestehend aus je 8 Dichtungen DN 40, 80, 100		1	–	1 *	1 *
Satz Tankwagen-Flanschdichtungen aus PVC weich, m. Maßen PN 10 nach DIN 2690, 3 mm dick, bestehend aus je 8 Dichtungen DN 80, 100		2	–	1 *	1 *
Sechskantschrauben M 16 × 60 nach DIN 933 aus nichtrostendem Stahl, mit Muttern nach DIN 934 und Unterlegscheiben nach DIN 125 (für Flanschverbindungen DN 16-DN 32-DN 100)		0,2	–	20 *	20 *

Beladeliste für: Gerätewagen-Gefahrgut (3,5 t, 7,5 t, 11 t) Gerätebeschreibung	nach DIN	Stück-gewicht kg (max)	GW-G1 3,5 t	GW-G2 7,5 t	GW-G3 11 t
Sechskantschrauben M 12 × 50 nach DIN 933 aus nichtrostendem Stahl, mit Muttern nach DIN 934 und Unterlegscheiben nach DIN 125 (für Flanschverbindungen DN 16-DN 20-DN 25 und Tankwagenflansch DN 100-DN 125		0,2	–	20 *	20 *
Sechskantschrauben M 10 × 60 nach DIN 933 aus nichtrostendem Stahl, mit Muttern nach DIN 934 und Unterlegscheiben nach DIN 125 (für Tankwagenflansch DN 50-DN 80)		0,2	–	20 *	20 *
Draht aus nichtrostendem Stahl, gerollt, 1,5 mm Durchmesser, ≈ 20 m lang		0,3	1	1	1
Saugrohr aus nichtrostendem Stahl, DN 32, ≈ 1000 mm lang, mit Handschutz (Kälteschutz), mit Bodensieb (Lochdurchmesser ≈ 4 mm) und einem Fußventil an einem Rohrbogen 45°, mit Gewindestutzen DN 50 am Abgang		3	1	1	1
Universal-Abdicht- und Abfüllkupplung, die die mit * versehenen Teile ersetzen kann		20	(1)	(1)	(1)
Ausgußrohr aus nichtrostendem Stahl, DN 50, m. Kegelstutzen und Nutüberwurfmutter DN 50, ≈ 1000 mm lang, m. Handschutz (Kälteschutz), m. Rohrbogen 90° oben, m. Verteilersieb abschraubbar		6	1	1	1

Hakenschlüssel, nicht rostender Stahl, ähnlich DIN 11860, zum Kuppeln von Säurekupplungen		0,5	2	4	4
Kanister, gefüllt m. 5 l Kraftstoff für tragb. Stromerzeuger, m. Ausgußstutzen	7274 T1	10,5	1	2	2
Abschleppseil – zusätzlich mit rotem Warntuch 200 mm × 200 mm	76031	6,6	1	1	1
Unterlegkeil	76051	4,5	2	2	2
Wagenheber		–	1	1	1
Satz Dichtungskeile aus Weichholz (verpackt), Keillänge 300 mm bestehend aus:		12,5			
20 Keilen oder			–	1	1
12 Keilen verschiedener Größe			1	–	–
Satz Dichtungspfropfen aus Weichholz (verpackt), Pfropfenlänge 300 mm bestehend aus:		3			
20 Pfropfen oder			–	1	1
12 Pfropfen verschiedener Durchmesser			1	–	–
Satz Dichtungspfropfen aus PP, 10teilig, Pfropfenlänge 150 mm		1	1	1	1
Abdichtbinde, 100 mm breit, 10 m lang		1,5	1	1	1
Dichtungsplatte aus Schaumstoff, Grundfläche etwa 900 mm × 900 mm, 20 mm hoch		0,2	2	4	4
Dichtungshanf (verpackt im Beutel)		1	–	1	1

Beladeliste für: Gerätewagen-Gefahrgut (3,5 t, 7,5 t, 11 t) Gerätebeschreibung	nach DIN	Stück-gewicht kg (max)	GW-G1 3,5 t	GW-G2 7,5 t	GW-G3 11 t
Bleiwolle (verpackt im Beutel)		2	1	1	1
Putzwolle (verpackt im Beutel)		2	–	1	1
Putzlappen		3	1	1	1
Gummistreifen, mineralölbeständig, 1 m lang, 3,5 mm dick, 300 mm breit		0,8	–	2	2
Folie aus PE, 0,2 mm dick, 4 m breit, 25 m lang, auf 1 m Breite gefaltet und gerollt		16,5	1	1	1
Flachsack aus PE, ≈ 1500 mm × 800 mm, 0,2 mm dick, mit Sackverschluß		0,3	5	10	20
Schachtabdeckung, Bodenfläche etwa 750 mm × 750 mm, mineralölbeständig und chemikalienbeständig, flüssigkeitsdicht (formveränderlicher Kunststoff-Sack)		1	2	4	4
Vorrichtung zur Abdichtung der Zu- und Abläufe von Straßeneinläufen – pneumatisch –		2,5	4	4	4
Keil aus Schaumstoff, Grundfläche etwa 800 mm breit und etwa 500 mm lang, 200 mm hoch, mineralölbeständig, Seitenfläche 800 mm × 200 mm		0,5	–	2	2

Tafel aus PVC weich, 500 mm × 1000 mm, 5 mm dick		1	–	1	2
Abdeck- und Auffangplane 4 m × 4 m, aus beidseitig beschichtetem Chemiefasergewebe, mit Randverstärkung und Ösen, mit durchgezogenem Kunststoffseil, 6 mm Durchmesser, in Packsack beschriftet		14	1	2	1
Auffangrinne aus nichtrostendem Stahl, ≈ 1800 mm lang, 450 mm breit, Randhöhe ≈ 80 mm, Kastenform, mit Gewindestutzen für Säurekupplung DN 50		11	–	–	1
Auffangrinne aus nichtrostendem Stahl, 4tlg., steckbar, ≈ 1800 mm lang, ≈ 480 mm breit, mit Spannsatz, bestehend aus: 4 Spannseile mit Karabinerhaken 3 Schrauben aus nichtrostendem Stahl mit Flügelmuttern und Unterlegscheiben 3 Formhaltern		15	1	1	1
Auffangkasten aus nichtrostendem Stahl, 400 mm × 400 mm × 150 mm, mit Auslaufrohr ≈ 600 mm lang, mit Gewindestutzen DN 50 für Säurekupplung		6	–	1	1
Trichter aus nichtrostendem Stahl, 250 mm Durchmesser		0,6	1	1	1
Kanister aus nichtrostendem Stahl, 20 l Inhalt mit Ausgußstutzen		4	2	2	2
Eimer aus nichtrostendem Stahl, 15 l Inhalt, mit Doppelboden, schwere Ausführung, eine gerade Seite ohne Wulst		2	1	2	3

Beladeliste für: Gerätewagen-Gefahrgut (3,5 t, 7,5 t, 11 t) Gerätebeschreibung	nach DIN	Stück-gewicht kg (max)	GW-G1 3,5 t	GW-G2 7,5 t	GW-G3 11 t
Schöpfer aus nichtrostendem Stahl, ≈ 1 l Fassungsvermögen, mit Stiel aus nichtrostendem Stahl mit Griff-Kälteschutz		0,5	1	1	1
Öl- und Säureschaufel mit Bügelgriff – flache Ausführung		1	–	1	2
offener Behälter, Inhalt 3000 l, aus beidseitig kunststoffbeschichtetem Chemiefasergewebe (z. B. aus NBR), gegenüber Mineralölen der Gefahrenklasse A I (mit Ausnahme von Reinbenzol) A II und A III ununterbrochen 8 Stunden widerstandsfähig und dicht ohne wesentliche Veränderung des Materials; bei Reinbenzol gilt das gleiche für mind. 2 Stunden; m. Packsack, beschriftet m. Behälterart u. -inhalt, m. 2 Einhängebehältern aus Folie		54	–	1	2
Edelstahl-Bergungs-Deckelfaß, 400 Liter			1	–	–
Einhängebehälter für das Bergungsfaß weitgehend säure- und laugenbeständig – Kältebruchtemperatur –30 °C –		3	2	–	–
Geschlossener Faltbehälter, Inhalt 1000 l, an beiden Stirnseiten eine Säurekupplung aus nichtrostendem Stahl mit Gewinnstutzen DN 50 und Verschlußkappe an Kette, Flansche und Schrauben aus nichtrostendem Stahl, oben einen absperrbaren Entlüftungsstutzen, aus beidseitig kunststoffbeschichtetem Chemiefasergewebe (z. B. aus		20	–	1	1

NBR), Flächengewicht 1000 g/m², gegenüber Mineralölen der Gefahrenklasse A I (mit Ausnahme von Reinbenzol) A II und A III ununterbrochen 8 Stunden widerstandsfähig und dicht ohne wesentliche Veränderung des Materials; bei Reinbenzol gilt das gleiche für mind. 2 Stunden; m. Packsack, beschriftet m. Behälterart u. -inhalt					
Satz Behälter aus nichtrostendem Stahl, Gesamtinhalt mind. 2500 l, Form beliebig, ineinander stapelbar, mit Tragemöglichkeit oben und unten; Bodendicke 2 mm, Wanddicke 1,5 mm, Radverstärkung		210	–	1	1
Satz Deckel für Behälter, zur Abdeckung an der Einsatzstelle (<u>nicht</u> für Transportzwecke), mit Tragegriffen		3	–	1	1
Satz Einhängebehälter aus Folie, 2 Stück je Behälter, Wanddicke 0,5 mm, weitgehend säure- und laugenbeständig, mit Bindestrang, geeignet zum Einhängen in die Stahlbehälter; Kältebruchtemperatur –30 °C (nach DIN 53372), Gebrauchstemperatur bis –5 °C		20	–	1	1
Großbehälter aus PE, Maße außen ≈ 900 mm × 700 mm × 540 mm, Inhalt 220 l, ineinander stapelbar		12	2	2	4
Behälter, ≈ 50 l, stapelbar, mineralölbeständig mit Tragegriff		4	1	2	3
Schaufel aus nichtrostendem Stahl (Lochblech oder Drahtgewebe) für Ölbindemittel, mit auf ≈ 2 m verlängertem Stiel		3	1	2	2
Gummischieber, mind. 500 mm breit, mit leicht und sicher montierbarem Stiel		0,7	2	2	2

Beladeliste für: **Gerätewagen-Gefahrgut (3,5 t, 7,5 t, 11 t)** **Gerätebeschreibung**	nach DIN	Stückgewicht kg (max)	GW-G1 3,5 t	GW-G2 7,5 t	GW-G3 11 t
Kupferlitze 16 mm^2, 50 m lang, m. hakenförmigem Kabelschuh 8 mm, auf Haspel		13,5	1	1	1
Erdungsspieß aus T-Stahl verzinkt, 550 mm lang, mit Erdungsbolzen und unverlierbarer Flügelmutter M 8		1,5	1	1	1
Anschluß-Zwinge aus Kupfer-Zink-Legierung mind. 100 mm Öffnungsweite; m. Kupferlitze 16 mm^2, 10 m lang, m. hakenförmigen Kabelschuhen		1,2	3	3	4
Haftmagnet (für Erdungszwecke) mit Erdungsschraube und unverlierbarer Flügelmutter M 8		0,5	–	2	2
Universal-Faßschlüssel aus nicht funkenreißendem Werkstoff		1,3	1	1	1
Saugbehälter aus nichtrostendem Stahl, Volumen 180 l–450 l, mit Sicherheitszubehör (Überfüllsicherung)		120	–	1	1
Tankbindegurt aus Markenpolyester, 10 m lang, 50 mm breit; mit Ratsche (Zugkraft 20 kN)		2,5	2	2	2
Satz Leckverschlüsse 1,5 bar, bestehend aus: 1 Leckdichtkissen mit 500 mm × 300 mm Dichtfläche 1 Rohrdichtkissen für 75 mm bis 200 mm Rohrdurchmesser	3171	60	1	1	1

1 Rohrdichtkissen für 200 mm bis 400 mm Rohrdurchmesser					
1 Rohrdichtkissen für 300 mm bis 500 mm Rohrdurchmesser					
1 Leckbandage für 50 mm bis 200 mm Rohrdurchmesser					
1 Leckbandage für 200 mm bis 450 mm Rohrdurchmesser					
1 Druckminderer 200/300 bar m. 2 Manometer und Absperrventil, Druckluftschlauch, Schnellschlußstecknippel, Schutzkappen					
1 Einzelsteuerorgan mit 10 m Druckluftschlauch					
1 Flasche 6-450-E-19,8, Fülldruck 300 bar mit Flaschenventil, gefüllt m. Druckluft nach DIN 3188					
1 Druckluftschlauch 9 mm Durchmesser, 10 m lang, auf einer Seite m. Schnellschlußkupplung, auf der anderen Seite mit Stecknippel					
1 Satz Spanngurte, 50 mm breit mit Ratsche verlängerbar, nutzbare Länge mindestens 4 × 10 m, Mindestbruchkraft 40 kN (Zugkraft 20 kN)					
Dichtplatten aus Moosgummi, mineralölbeständig:					
2 Stück 500 mm × 300 mm × 30 mm					
1 Stück 1000 mm × 300 mm × 30 mm					
1 Säureschutzhülle für Leckdichtkissen					

Beladeliste für: Gerätewagen-Gefahrgut (3,5 t, 7,5 t, 11 t) Gerätebeschreibung	nach DIN	Stückgewicht kg (max)	GW-G1 3,5 t	GW-G2 7,5 t	GW-G3 11 t
Satz Rohrschellen aus nichtrostendem Stahl, ähnlich DIN 307, m. Spannbackenzug, zweiteilig, 25 mm breit, bestehend aus: je 2 Stück für Nennweiten 15,10, 25, 32, 40, 50, 65, 100, 150, 200 mm, in Behälter		5	–	–	1
Sack aus weitgehend säurebeständigem Material, 300 mm × 600 mm, m. angenähtem Sackband (Sandsack)		0,1	–	20	30
Öl-Bindemittel (100 l)		15	3	4	4
Spezial-Säurebinder (mind. 60 l)		30	1	1	1
Kalk, 20 kg, in wiederverschließbaren Behältern oder Säken (wasserdicht)		22	–	1	1
Handbuch der gefährlichen Güter „Hommel", Satz		(3)	(1)	(1)	(1)
Schalenhandwindmesser, Windgeschwindigkeit in m/s, in Kasten		1	–	(1)	1
Kompaß mit Flüssigkeitsfüllung, stabile Ausführung		0,2	–	(1)	1
Einrichtung zur Vorreinigung von Einsatzkräften und -geräten bestehend aus: Umkleidezelt, Auffangwanne		140	–	–	(1)
Heißwasser-Hochdruckreiniger		100	–	–	(1)

4. Wechselladerfahrzeuge mit Abrollbehältern

Das Wechselladerfahrzeug ist ein Fahrzeug für den Transport von Abrollbehältern. Es besteht aus einem Trägerfahrzeug mit Fahrerhaus zur Aufnahme der Besatzung (1/2) und einer festaufgebauten Wechselladereinrichtung, die zur Aufnahme und zum Transport eines Abrollbehälters dient. Da sich im Feuerwehreinsatz das Hakensystem gegenüber dem Seilsystem besser bewährt hat, wird die Austauschbarkeit von Abrollbehältern für das Hakensystem zukünftig festgeschrieben. Die Abkürzung eines Wechselladerfahrzeuges mit einem Abrollbehälter mit einer nutzbaren Länge von 5500 mm ist: WLF 5500.

Fahrgestell

Das Fahrgestell hat in der Regel einen Straßenantrieb; es sind je nach Ausführung zusätzlich erforderlich:

- Differentialsperre
- Federverstärkung
- Stabilisatoren
- Verstellregler für die Motordrehzahl
- Nebenantriebsmöglichkeit

Zur Ausleuchtung des hinteren Arbeitsbereiches müssen zwei Arbeitsstellenleuchten an der Fahrerhausrückseite vorhanden sein. Zur Versorgung des Abrollbehälters aus dem Fahrzeugbordnetz muß eine 16-polige Steckverbindung angebracht sein.
Der Gebrauch der 16-poligen Steckverbindung ist nicht zulässig bei Transporten von gefährlichen Stoffen nach GGVS. Mit dieser Steckvorrichtung sind z. B. zusätzliche Leuchten am Abrollbehälter – Fahrtrichtungsanzeiger, Schluß- und Begrenzungsleuchte, Türschließkontrolle, Bremsleuchten usw. – an die Fahrzeuganlage zu koppeln.

Eine Warneinrichtung muß den Maschinisten darauf hinweisen, daß der Hakenausleger nicht in Aufnahmestellung ist und daß die 16-polige Steckverbindung zwischen Abrollbehälter und Trägerfahrzeug noch gekuppelt ist. Weiterhin muß ein Notbetrieb, unabhängig vom Fahrzeugmotor, möglich sein.
Die bei Wechselladerfahrzeugen erreichte Fahrzeuggesamthöhe bedingt ggf. höhere Tordachfahrten u. a. an Feuerwehrhäusern. Hierauf ist bei der Beschaffung zu achten.

Bild 48: Wechselladerfahrzeug WLF

5. Rettungsdienstfahrzeuge

Feuerwehr, Ärzte, Hersteller sowie die anderen im med. Rettungsdienst und in der Krankenbeförderung stehende Organisationen haben an den Anforderungen gearbeitet, die notwendig sind, um verunglückten oder kranken Menschen unter optimalen Bedingungen Hilfe zu geben. Bei diesen Bemühungen stellt man u. a. fest, daß das Schwergewicht bei den lebensbedrohten Verunglückten oder Erkrankten, die als Notfallpatienten bezeichnet werden, liegen muß. Grund: Menschen, die durch Verletzung oder Erkrankung jener Fähigkeiten beraubt sind, die ihnen unter normalen Verhältnissen das Leben garantieren, brauchen unsere besondere Hilfe, die lebensrettende Sofortmaßnahme. Die Hilfeleistungen, die man als lebensrettende Sofortmaßnahme bezeichnet, kann man in folgende Gruppen zusammenfassen:

- Atemwege freimachen und freihalten
- Beatmung
- Lagerung
- Blutstillung
- Schockbekämpfung
- Herzmassage

Auf diesen Erkenntnissen aufbauend ist in DIN 75 080 „Krankenkraftwagen“ Teil 1–3 zwischen den Aufgaben der Rettung und der Beförderung von Notfallpatienten und der Beförderung von nicht Notfallpatienten unterschieden worden.

5.1 Begriffe

Um die Aufgaben des medizinischen Rettungs- und Krankenbeförderungsdienstes eindeutig zu den anderen Aufgaben im Rettungswesen abzugrenzen, nachstehende Definitionen:

Der medizinische Rettungsdienst

erstreckt sich auf die lebensrettenden Maßnahmen bei Notfallpatienten, auf die Herstellung der Beförderungsfähigkeit und auf die Beförderung in ein geeignetes Krankenhaus.

Der Krankenbeförderungsdienst

erstreckt sich auf die Beförderung von verletzten oder kranken Personen, die *keine* Notfallpatienten sind.

Krankenkraftwagen

Spezialfahrzeuge, die für den medizinischen Rettungsdienst und die Kranken- und Verletztenbeförderung geeignet sind. Gemäß ihrem Verwendungszweck werden sie unterschieden in Rettungswagen mit Kurzzeichen RTW (Bild 49), Krankentransportwagen

Bild 49: RTW – neuer Prototyp – Aufbau des Krankenraumes in Form eines Kofferaufbaus auf einem Fahrgestell eines Kleintransporters

mit dem Kurzzeichen KTW (Bild 50) und Notarzteinsatzfahrzeuge mit dem Kurzzeichen NEF.

Rettungswagen (RTW)

sind zum Herstellen und Aufrechterhalten der Transportfähigkeit von Notfallpatienten vor und während der Beförderung bestimmt.

Krankentransportwagen (KTW)

sind grundsätzlich für die Beförderung von Nicht-Notfallpatienten bestimmt.

Notarztwagen (NAW)

ist ein Rettungswagen, der mit einem Arzt besetzt ist.

Notarzteinsatzfahrzeug (NEF)

dient der Beförderung des Notarztes zum Unfallort.

Bild 50: KTW auf Pkw-Limousinenbasis

Bild 51: KTW auf Kleintransporter-Basis

Bild 52: Notarzteinsatzfahrzeug NEF

5.2 Technische Anforderungen

Die technischen Anforderungen in DIN 75080 Teil 1 bis 3 sind so aufgebaut, daß in Teil 1 die allgemein gültigen Anforderungen für alle Krankenkraftwagen genannt sind und in Teil 2 „Rettungswagen" und Teil 3 „Krankentransportwagen" nur die Anforderungen an den jeweiligen Spezialfahrzeugtyp stehen. Hierzu gehören insbesondere die Raum- und Funktionsmaße des Krankenraumes.

5.2.1 Fahrgestell

Zu den allgemein gültigen Anforderungen für alle Krankenkraftwagen sind folgende zu beachten:

- Mindestbeschleunigung von 0 auf 80 km/h in 35 s
- Abschleppvorrichtung vorn und hinten
- Spritzschutz für die Hinterräder
- Nebelscheinwerfer und Nebelschlußleuchten
- Rückfahrscheinwerfer
- Funkvorbereitung mit Funkentstörung
- Mindestnennkapazität der Fahrzeugbatterie (s. Tabelle 6)
- Mindestüberhangwinkel vorne und hinten
- Mindestrampenwinkel
- Maximale Einstiegshöhe
- Mindest-Federungskomfort

In der DIN 75080 Teil 1 wurde ein Mindest-Federungskomfort festgelegt. Ein sog. K-Wert, der nach der VDI-Richtlinie 2057 ermittelt wird, stellt einen Zusammenhang zwischen objektiv meßbaren Größen von Schwingungen (Amplitude, Frequenz, Schwingungseinrichtung) und der subjektiven Wahrnehmung des betroffenen Menschen (Grad der Belastung) dar.
Auf dieser Grundlage könnte das Federungsverhalten geprüft werden, es fehlt nur leider bisher eine Festlegung der Prüffahrbahn mit definierter Oberfläche.

Tabelle 6: für Batterie und Generator

Fahrzeugart	Nennspannung der elektrischen Anlage V	Anzahl der Batterien	Nennkapazität der Batterie Ah (min)	Nennleistung des Drehstromgenerators W (min)
RTW	12 12 24	2 2 und 1 2 und 2	80 60 50	960
KTW (A)	12	1	54	700
KTW (B1), (B2)	12 24	1 2	54 50	910 910
KTW (C)	12 24	1 2	63 50	960

5.2.2 Krankenraum

Die Raum- und Funktionsmaße des RTW betragen (s. Bild 53):

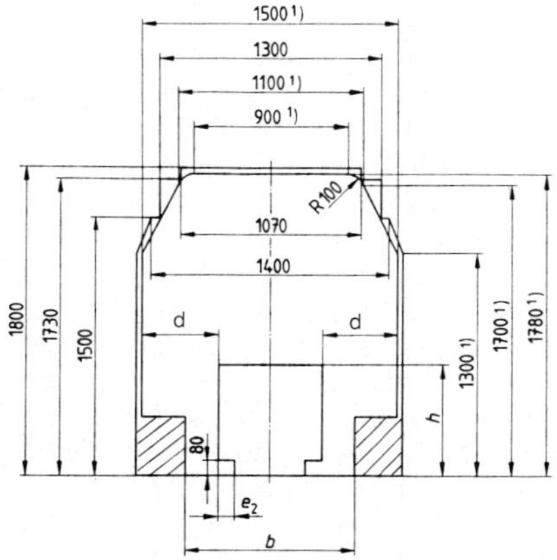

[1] Diese Maße sind ergonomische Maße, in deren Freiraum nichts hineinragen darf

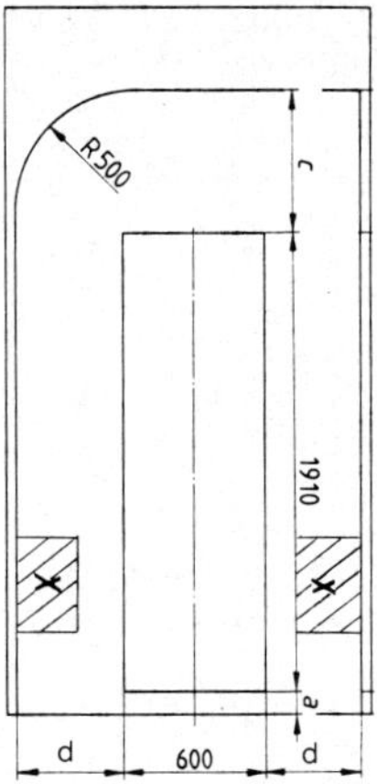

Maß-buch-stabe	Maß	Bedeutung
a	≥ 100	Abstand zwischen der Oberkante der Fußstütze und der Verkleidung der Rückwand bzw. Verschluß
b	≥ 1000	Abstand zwischen den Radkästen
c	≥ 600	Abstand zwischen dem Ende der Krankentrage DIN 13 025 – N und der Querwand bzw. einem Schrank
d	≥ 450	Abstand zwischen der Verkleidung der Seitenwand bzw. einem Einbau und der Außenkante der Krankentrage DIN 13 025 – N, gemessen über die Länge der Krankentrage mit eingeschobenen Griffen zuzüglich *a* und *c*, Sitze nicht in Gebrauchsstellung
e	≥ 100	Abstand zwischen der Außenkante der Krankentrage DIN 13 025 – N an deren Langseite und der Krankentrageneinrichtung
h	≥ 650	einstellbarer Abstand vom Krankenraumboden bis zur Oberkante der Krankentrage DIN 13 025 - N
a	0 bis 15°	Winkel der stufenweisen Verstellbarkeit der Krankentrageeinrichtungen für die Kopf- und Oberkörpertieflagerung (Kopf in Fahrtrichtung)

Bild 53: Raum- und Funktionsmaße eines RTW

Die Raum- und Funktionsmaße im KTW richten sich nach den mitgeführten Trageneinrichtungen. Sie betragen (s. Bild 54):

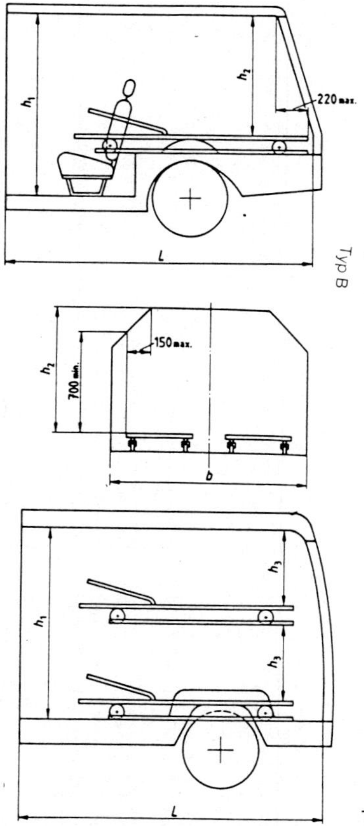

Bild 54: Raum- und Funktionsmaße eines KTW

Typ	Anzahl bzw. Anordnung der Krankentrage(n)	Anordnung des Sitzes	Länge l min.	Breite b min.	Höhe h_1 min.	Höhe h_2 min.	Höhe h_3 min.	hintere Einladeöffnung Breite min.	hintere Einladeöffnung Höhe min.
A	1	freigestellt	2300	1300	1400	800	–	900	750
B 1	2 nebeneinander	vor den Krankentrg.	2600	1400	1400	800	–	900	750
B 2	2 übereinander	neben den Krankentrg.	2300	1300	1450	–	500	900	1150[1]
C	4. 2 übereinander, 2 nebeneinander	freigestellt	2900	1400	1450	–	500	1300	1150[1]

l = gemessen auf der Krankentrage in Längsmittelebene
b = gemessen auf der Krankentrage von Krankentragemitte bis Kopfende
h_1 = gemessen am tiefsten Punkt der vorhandenen Stehfläche
h_2, h_3 = gemessen über der gesamten Fläche der Krankentrage, mit den Abweichungen nach Bild 51 a und b und Kopfteil

Die oben liegenden Krankentragenlagerungs-Einrichtungen müssen zur Seitenwand klappbar sein.

[1] wenn gleichzeitig Einstiegsöffnung 1450 mm

Die Raumabmessungen werden ergänzt durch Mindestforderungen an Einstiegöffnung, Einladehöhe und Trittstufenhöhe (s. Tabelle 7).

Tabelle 7:

Fahrzeugart	Einstiegöffnung		Einladehöhe[2]	Trittstufenhöhe max.
	Höhe mm	Breite[1] mm	mm	mm
RTW	1500	660	650–770	500
KTW	930	660	650–770	500

[1] mittig auf der rechten Seite gemessen.
[2] Höhe von der Standfläche des Fahrzeuges bis Oberkante Ladefläche der unteren Trage.

Damit der Fahrer während der Fahrt nicht abgelenkt werden kann, ist der Fahrerraum vom Krankenraum durch eine durchgehende Querwand getrennt. Ein Fenster der Mindestgröße 200 × 350 mm aus Sicherheitsglas ermöglicht eine Gesprächs- und unter gewissen Voraussetzungen eine Durchreicheverbindung. Gegen ein nicht gewünschtes Öffnen des Fensters vom Krankenraum aus ist es im Fahrerraum gesichert.
Auftritte müssen, wie bei den Feuerwehrfahrzeugen, aus tritt- und rutschfestem sowie korresionsbeständigem Werkstoff sein. In Dachhöhe muß eine elektrische Be- und Entlüftungsanlage vorhanden sein, die in der Stunde einen bis zu 20-fachen Luftwechsel (Maximalforderung) des Krankenraumes sicherstellt.
Der RTW hat eine eigenständige Heizung, deren Frischlufteintritt etwa in Regenleistenhöhe, möglichst jedoch auf dem Dach sein soll. Darüber hinaus muß der Lufteintritt jedoch mindestens 1000 mm von der Abgasleitung entfernt sein, damit keine Abgase in das Krankenrauminnere gelangen können. Beim KTW ist keine eigenständige Heizung gefordert.

Während für den RTW die stufenweise Verstellbarkeit des Krankentragengestells für die Kopf- und Oberkörpertieflagerung bis etwa 15° bei Betätigungsmöglichkeit während der Fahrt zwingend vorgeschrieben ist, genügt es beim KTW, wenn man die Krankentrage am Fußende nur bei Stillstand des Fahrzeuges hochstellen kann.
Von Seiten der DIN 75 080 sind für alle Personen, sowohl auf den Sitzen als auch auf den Tragen, geeignete Rückhaltesysteme erforderlich.
Rückhaltesysteme für Patienten im Krankenraum werden durch die DIN 13071 beschrieben. Im Einsatz erfüllen sie aber nur dann ihren Zweck, wenn sie auch angelegt werden. Weitere Anforderungen an Sitze, Haltegurte, Krankentrage, Geräusche im Krankenraum (Grenz-Schallpegel) u. a. m. vervollständigen den heutigen Stand der Entwicklung der Krankenkraftwagen.

5.3 Ausrüstung

Die nachstehend aufgeführte Ausrüstung (Beladung) nach DIN ist für RTW und KTW eine Mindestbeladung und wird in Gruppen unterteilt. Als Orientierungshilfe sollen die Fächer außen farblich gekennzeichnet werden, um die Geräte leichter finden zu können. Als Farbe ist festgelegt:

- blau für Beatmung
- rot für Kreislauf
- gelb für Ausrüstung bei Vergiftungen
- grün für chirurgisches Besteck

Tragen mit Zubehör und Sitze

Benennung Ausführung und Bemerkung	nach	RTW	KTW Stückzahl für Typ A	B1/B2	C
Krankentrage	DIN 13 024	–	–	(2)	(4)
Krankentrage – fahrbar –	DIN 13 025-2	(1)	(1)	–	–
Krankentrage mit Laufrollen	DIN 13 025-1	1	1	2	4
Kopfkissen ZK	DIN 13 025	1	1	1	1
Kopfkissenbezug, passend zu Kopfkissen ZK nach DIN 13 025		1	1	1	1
Auflage ZU	DIN 13 025	1	1	1	1
Tragegurt	DIN 13 044	2	2	2	2
Krankenhausdecke, 1400 mm × 1900mm, kochfest und desinfizierbar oder Einwegmaterial		2	1	2	4
Bezug für Krankenhausdecke 1400 mm × 2000 mm, textiles Material, gekrumpft (Restkrumpfung max. 1%)		1	1	2	4
Tragenlaken 900 mm × 2000 mm, textiles oder Einwegmaterial		2	2	4	8
Bettplatte oder Gewebe, 900 mm × 2000 mm wasserdicht		1	1	1	2
Vakuummatratze	DIN 13 047	1	1 [3]	1	1
Rettungstuch [1]	DIN 13 040	1	1	1	1
Tasche für Rettungstuch [1]		1	1	1	1
Riemen oder Gurt, 80 mm × 2000 mm			2	2	2
Tragsessel, starr und/oder klappbar; Griffe mit Wärme- und Kälteschutz, Haltegurt	DIN 13 048-1 oder 2 Entwurf	1 oder	1 oder	1	1
Liegetragsessel (Tragsessel – liegend –)	DIN 13 048-3 Entwurf	1	1	–	–
Oberkörpertieflagerungsvorrichtung (12°) für Krankentrage DIN 13 025		–	1 [2]	1	1

1) (bisherige Benennung „Bergtuch“)
2) Entfällt, sofern die Tragenvorrichtung eine Oberkörpertiefenlagerung ermöglicht.
3) Nur auf Wunsch des Bestellers; sofern Raum- und Nutzlastreserven vorhanden sind.

Beatmung

Benennung Ausführung und Bemerkung	nach	RTW	KTW Stückzahl für Typ A	KTW Stückzahl für Typ B1/B2	KTW Stückzahl für Typ C
Wendltubus Größe Ch 16		1	1	1	1
Wendltubus Größe Ch 18		1	1	1	1
Wendltubus Größe Ch 34		1	1	1	1
Guedeltubus Größe 1		1	2	2	2
Guedeltubus Größe 3		1	2	2	2
Guedeltubus Größe 5		1	2	2	2
Mundkeil, Gummi		1	1	1	1
Mundtubus elastisch, kurz für Mund-zu-Mund-Beatmung		1	1	1	1
Sekretabsaugpumpe, tragbar, Sog ≥ 0,3 bar		1	1	1	1
Einmalkatheter Größe 10, keimfrei verpackt		3	2	2	2
Einmalkatheter Größe 14, keimfrei verpackt		3	2	2	2
Einmalkatheter Größe 18, keimfrei verpackt		3	2	2	2
Tragbare Einheit bestehtend aus: – Sauerstoffgerät, einschließlich Maulschlüssel für die Montage, Flasche mit Inhalt 2 l, 200 bar mit Druckminderer, mit einem Abgang – Gerät zur Frischluftbeatmung mit Anschlußmöglichkeit zur Sauerstoffbeigabe – Verbindungssschlauch, ≥ 1 m lang – Tragetasche – Beatmungsmaske für Erwachsene – Beatmungsmaske für Kinder – Beatmungsmaske für Säuglinge		1 1 1 1 1 1 1	1 1 1 1 1 1 1	1 1 1 1 1 1 1	1 1 1 1 1 1 1
Sauerstoffflasche (Ersatzflasche) mit Inhalt 2 l		–	2	2	2
Laryngoskop		1	–	–	–
Stethoskop		1	–	–	–
Klemme		1	–	–	–
Blockerspritze, Einwegspritze		1	–	–	–
Endotrachealtuben (verschiedene Durchmesser)		5	–	–	–
Einführungsmandrin für Trachealtuben		2	–	–	–

Kreislauf

Benennung Ausführung und Bemerkung	nach		KTW Stückzahl für Typ		
		RTW	A	B1/B2	C
Blutdruckmeßgerät		1	1	1	1
Stethoskop		1	1	1	1
Infusionsgerät jedoch mit 9 Venenverweilkanülen, ∅ 1,0 mm 19 G, ∅ 1,4 mm 17 G, ∅ 1,7 mm 16 G, keimfrei verpackt	DIN 58 362 Teil 1	4	3	3	6
500 ml Infusionslösung		4	3	3	6
Starre Unterlage 400 mm × 600 mm für äußere Herzmassage (kann entfallen, wenn die Krankentrage oder die Krankentrageneinrichtung eine entsprechende Vorrichtung aufweist)		1	1	1	1
Behältnis mit Thermostatregelung zur Erwärmung und Aufbewahrung bei Infundiertemperatur von min. 3 Flaschen mit einem Volumen von 500 ml		1 1	– –	– –	– –
Staubinde, elastisch		1	1	1	1
Frischluftbeatmungsgerät		1	1	1	1
Beatmungsmasken (klein, mittel, groß)		1	1	1	1

Verbandmaterial

Benennung Ausführung und Bemerkung	nach	RTW	KTW Stückzahl für Typ A	B1 B2	C
Verbandkasten VK, gefüllt	DIN 14142	1	1	1	1
Satz Kammernschienen, aufblasbar, bestehend aus Armschiene, Beinschiene		2	1	1	2
Erste-Hilfe-Schere 190 mm	DIN 58279	1	1	1	1
Replantatbeutel 25 cm × 70 cm, doppelwandig		1	1	1	1
Verbandpäckchen G	DIN 13151	5	–	–	–
Verbandtuch A	DIN 13152	5	–	–	–
Verbandtuch B	DIN 13152	5	–	–	–
Mullbinde MB 20 – 8	DIN 61631	10	–	–	–

Pflegegerät

Benennung Ausführung und Bemerkung	nach	RTW	KTW Stückzahl für Typ A	KTW Stückzahl für Typ B1 B2	KTW Stückzahl für Typ C
Steckbecken mit Deckel		1	1	1	2
Urinflasche mit Verschluß oder Einwegbeutel (Originalverpackung min. 10 Stück)		1	1	1	2
Nierenschale		1	1	1	2
Brechbeutel		10	10	10	20
Handreinigungsmittel, desinfizierend, flüssig oder fest		1	1	1	1
Paket Einweghandtücher		1	1	1	1
Einmalhandschuhe		40	10	10	10
Nagelbürste		1	–	–	–
Akkuleuchte, mit Stecker nach DIN ISO 4165, durch Bordnetz aufladbar		1	–	–	–
Magenschlauch mit Trichter und Becher		1	–	–	–
Schutzmantel, textiles oder Einwegmaterial		3	2	2	2
Paket Zellstoff		1	–	–	–

Warn- und Rettungsgerät

Benennung Ausführung und Bemerkung	nach	RTW	KTW Stückzahl für Typ A	B1 B2	C
Brecheisen, 600 mm lang, kombiniert mit Schneidgerät und Geißfuß		1	1	1	1
— oder —					
Universal-Rettungswerkzeug		1	1	1	1
Warndreieck, genehmigt nach StVZO		2	2	2	2
Handscheinwerfer – Ex – 100 mit gelber Vorsteckscheibe sowie Batterien und Lampen	DIN 14 642	1	1	1	1
Feuerlöscher PG 2 oder HA 2 mit Fahrzeughalterung	DIN 14 406 Teil 1	–	1	1	–
Feuerlöscher PG 6 oder HA 6 mit Fahrzeughalterung	DIN 14 406 Teil 1	1	–	–	1
Abschleppseil entsprechend dem Gesamtgewicht mit rotem Warntuch 200 mm × 200 mm	DIN 76 031	1	1	1	1
Warnweste BMI – TRL 8415 – 061 oder Warnkleidung DIN 30 711 – B aus retroreflektierendem Gewebe		3	2	2	2
Paar Schutzhandschuhe D 1	DIN 4841 Teil 2	4	2	2	2
Klapphackspaten		1	–	–	–
Schutzhelm, Helmschale weiß, oder Feuerwehrhelm		3	–	–	–

Ärztliches Gerät

Benennung Ausführung und Bemerkung	nach	Stück- zahl	nur RTW
Notfall-Arztkoffer	DIN 13 232	1	
Flügelkanüle, 50 mm, mit Gummifingerling armiert, sterilisiert verpackt		2	
Satz für Erste Hilfe bei einer Geburt, sterilisiert verpackt		1	
Notfall-Arztkoffer für Säuglinge und Kleinkinder	DIN 13 233	1	
EKG-Sichtgerät, tragbar, netzunabhängig EKG-Sichtgerät und Defibrillator sind gleichzeitig erforderlich, wenn der RTW vorwiegend mit einem Notarzt besetzt werden soll		1	
Defibrillator, tragbar, netzunabhängig EKG-Sichtgerät und Defibrillator sind gleichzeitig erforderlich, wenn der RTW vorwiegend mit einem Notarzt besetzt werden soll Eine Kombination von EKG-Sichtgerät und Defibrillator ist zulässig		1	
Spritzenpumpe – netzunabhängig	DIN 13 253 T 1 z. Zt. Entwurf	1	
PEEP-Ventil, stufenlos regulierbar	–	1	

Folgende Rote Hefte sind bisher erschienen:

1 Friedrich Kaufhold † / Kurt Klingsohr
Verbrennen und Löschen
16. Auflage, 90 Seiten, DM 11,–
ISBN 3-17-014429-4

2 Heinz Bartels
Ausbilden im Feuerwehrdienst
13. Auflage, 52 Seiten, DM 8,–
ISBN 3-17-012102-2

3a Ferdinand Tretzel
Leinen, Seile, Hebezeuge
Teil I: Stiche, Knoten u. Bunde
13. Auflage, 120 Seiten, DM 12,–
ISBN 3-17-012100-6

3b Ferdinand Tretzel
Leinen, Seile, Hebezeuge
Teil II: Ziehen und Heben
13. Auflage, 108 Seiten, DM 11,80
ISBN 3-17-013077-3

4 Lutz Rieck
Die Tragkraftspritze mit
mit Volkswagen Industriemotor
15. Auflage, 108 Seiten, DM 10,80
ISBN 3-17-013974-6

5 Wolfgang Hamberger
Sicherheitstechnische Kennzahlen brennbarer Stoffe
148 Seiten, DM 19,80
ISBN 3-17-012221-5

6 Lutz Rieck
Feuerlöscharmaturen
10. Auflage, 120 Seiten, DM 13,80
ISBN 3-17-011743-2

7 Franz Anton Schneider
Löschwasserförderung
14. Auflage, 80 Seiten, DM 9,80
ISBN 3-17-013208-3

8a Josef und Dieter Schütz
Feuerwehrfahrzeuge
Teil 1
Typenbezeichnung, Kurzzeichen und allgemeine Anforderungen an Fahrgestell, Aufbau, löschtechnische Einrichtungen und Beladelisten der Löschfahrzeuge
11. Auflage, 160 Seiten, DM 16,–
ISBN 3-17-013954-1

8b Josef und Dieter Schütz
Feuerwehrfahrzeuge
Teil II
Beschreibung der Hubrettungsfahrzeuge, Rüst-, Rettungs- und Krankentransportwagen
11. Auflage, 136 Seiten, DM 16,–
ISBN 3-17-014285-2

9 Hermann Schröder
Brandeinsatz
Praktische Hinweise
für Gruppen- und Zugführer
Ca. 110 Seiten. Ca. DM 12,–
ISBN 3-17-012267-3
in Vorbereitung

10 Hermann Schröder
Einsatztaktik für den Gruppenführer
14. Auflage, 104 Seiten, DM 12,–
ISBN 3-17-013951-7

11 Kurt Klösters
Feuerwehrgeräte
Sicherheit durch Wartung
4. Auflage, 176 Seiten, DM 17,–
ISBN 3-17-013073-0

12 Kurt Klösters
Kraftspritzen
Sicherheit durch Wartung
150 Seiten, DM 14,–
ISBN 3-17-009475-0

13 Ewald Penzenstadler
Baukunde für den Feuerwehrmann
7. Auflage, in Vorbereitung
Ca. 100 Seiten. Ca. DM 11,–
ISBN 3-17-013817-0

14 Willy und Peter Symanowski
Feuerlöscher im vorbeugenden Brandschutz
9. Auflage, 94 Seiten, DM 10,80
ISBN 3-17-011287-2

15 Karl-Heinz Knorr
Atemschutz
12. Auflage, 96 Seiten, DM 12,–
ISBN 3-17-013205-9

17 Jürgen Kallenbach
Arbeitsschutz und Unfallverhütung bei den Feuerwehren
7. Auflage, 104 Seiten, DM 13,80
ISBN 3-17-012349-1

18 Ferdinand Tretzel
Formeln, Tabellen und Wissenswertes für die Feuerwehr
7. Auflage, 224 Seiten, DM 19,–
ISBN 3-17-014286-0

19 Eckbert Zylmann
Erste Hilfe im Feuerwehrdienst
8. Auflage, 100 Seiten, DM 11,80
ISBN 3-17-012228-2

20 Helmut und Dieter Farrenkopf
Strahlenschutz der Feuerwehr
6. Auflage, 100 Seiten, DM 12,–
ISBN 3-17-011290-2

21 Karl-Heinz Knorr / Jochen Maaß
Öffentlichkeitsarbeit in der Feuerwehr
88 Seiten, DM 13,–
ISBN 3-17-012345-9

23 Klaus Schneider
Feuerwehr im Straßenverkehr
2. Auflage, 96 Seiten, DM 10,80
ISBN 3-17-013818-9

24 Bernhard Hentschel
Richard Marquardt / Herbert Rust
Feuerwehr-Einsatzübungen
7. Auflage, 64 Seiten, DM 10,80
ISBN 3-17-012224-X

25 Dieter Karlsch / Walter Jonas
Vorbeugender Brandschutz
5. Auflage, 80 Seiten, DM 11,–
ISBN 3-17-013207-5

26 Peter Lex
Bekämpfung von Waldbränden, Moorbränden, Heidebränden
4. Auflage, 168 Seiten, DM 18,–
ISBN 3-17-014033-7

27a Lutz Rieck
Die Löschwasserversorgung Teil I: Die Sammelwasserversorgung
3. Auflage, 100 Seiten, DM 12,80
ISBN 3-17-011881-1

27b Ludwig Timmer
Die Löschwasserversorgung Teil II: Die unabhängige Löschwasserversorgung
4. Auflage, 84 Seiten, DM 12,–
ISBN 3-17-013076-5

28 Karl-Heinz Knorr
Die Gefahren der Einsatzstelle
5. Auflage, 156 Seiten, DM 17,80
ISBN 3-17-012570-2

29 Karl Huber
Brandschau
3. Auflage, 88 Seiten, DM 12,80
ISBN 3-17-012644-X

31 Kurt Klingsohr
Fachrechnen für den Feuerwehrmann
5. Auflage, 116 Seiten, DM 11,80
ISBN 3-17-012739-X

Fortsetzung auf Seite III am Schluß des Textes

32 Hermann Dembeck
Gefahren beim Umgang mit Chemikalien
4. Auflage, 244 Seiten, DM 27,–
ISBN 3-17-011277-5

33 Georg Zimmermann
Mechanik für die Feuerwehrpraxis
(Übungsaufgaben siehe Heft 49)
5. Auflage, 168 Seiten, DM 16,80
ISBN 3-17-012572-9

35 Alfons Rempe
Ortsfeste Feuerlöschanlagen
3. Auflage, 120 Seiten, DM 14,–
ISBN 3-17-013204-0

36a Hans-Peter Plattner
Gefahrgut-Einsatz Fahrzeuge und Gerät
4. Auflage, in Vorbereitung
Ca. 130 Seiten. Ca. DM 14,–
ISBN 3-17-013520-1

36b Jürgen Klein
Gefahrgut-Einsatz Grundlagen und Taktik
Ca. 80 Seiten. Ca. DM 10,–
ISBN 3-17-013071-4
in Vorbereitung

37 Paul-Heinz Bohl
Brände in der Mineralölindustrie
2. Auflage, 124 Seiten, DM 10,80
ISBN 3-17-007801-1

38 Otto Marnet
Brandbekämpfung und Hilfeleistungen auf Flughäfen
2. Auflage, 219 Seiten, DM 22,–
ISBN 3-17-008958-7

39 Franz Anton Schneider
Hochwasser-Einsätze
2. Auflage, 76 Seiten, DM 8,80
ISBN 3-17-008033-4

40 Georg Zimmermann
Tauchen, Wasser- und Eisrettung
3. Auflage, 176 Seiten, DM 19,–
ISBN 3-17-013206-7

41 Kurt Klingsohr
Brennbare Flüssigkeiten und Gase
6. Auflage, 84 Seiten, DM 11,80
ISBN 3-17-014283-6

44a Hans Schönherr
Pumpen in der Feuerwehr Teil I: Einführung in die Hydromechanik Wirkungsweise der Kreiselpumpen
3. Auflage, 112 Seiten, DM 12,80
ISBN 3-17-011426-3

45 Heinz-Otto Geisel
Feuerwehr-Sprechfunk
5. Auflage, 152 Seiten, DM 15,80
ISBN 3-17-011645-2

46 Martin Grund
Aufzüge, Fahrtreppen, Fahrsteige
3. Auflage, 96 Seiten, DM 22,–
ISBN 3-17-013522-8

47 Dieter Karlsch / Walter Jonas
Brandschutz in der Landwirtschaft
3. Auflage, 96 Seiten, DM 14,80
ISBN 3-17-012104-9

48 Heinz Bartels / Wilhelm Stratmann
Feuerwehrschläuche
2. Auflage, 72 Seiten, DM 12,80
ISBN 3-17-012568-0

49 Georg Zimmermann
Mechanik
Übungsaufgaben zu Heft 33
3. Auflage, 84 Seiten, DM 11,–
ISBN 3-17-014453-7

50 Wilfried Fingscheidt
Heinz-Otto Geisel
Feuerwehr-Meldeanlagen
2. Auflage, 144 Seiten, DM 14,80
ISBN 3-17-009099-2

51 Georg Zimmermann
Tiefbau- und Silo-Unfälle
3. Auflage, 84 Seiten, DM 12,80
ISBN 3-17-013078-1

53 Joachim Hahn/
Horst Zacher (Hrsg.)
Begriffe, Kurzzeichen, Graphische Symbole des deutschen Feuerwehrwesens
3. Auflage, 124 Seiten, DM 14,–
ISBN 3-17-013099-4

54 Willi Döbbemann/
Günter Jensen
Retten und Selbstretten aus Höhen und Tiefen
4. Auflage, 58 Seiten, DM 9,80
ISBN 3-17-013069-2

55 Wolfgang Maurer
Hydraulisch betätigte Rettungsgeräte
Ca. 130 Seiten. Ca. DM 14,–
ISBN 3-17-013776-X
in Vorbereitung

56 Manfred Gihl
Rettungsfahrzeuge
92 Seiten, DM 10,80
ISBN 3-17-007964-6

57 Siegfried Volz
Unterrichtseinheiten für die Brandschutzerziehung
132 Seiten, DM 15,–
ISBN 3-17-013771-9

59 Frank Habermaier
Chemie
2. Auflage, 178 Seiten, DM 18,–
ISBN 3-17-012222-3

61 Axel Häger
Kfz-Marsch geschlossener Verbände
80 Seiten, DM 9,–
ISBN 3-17-010489-6

62 Siegfried Volz
Brandschutzerziehung in Schulen
128 Seiten, DM 13,80
ISBN 3-17-010778-X

64 Erhard Ortelt
Abkürzungslexikon Feuerwehr
84 Seiten, DM 11,–
ISBN 3-17-013774-3

Staffelpreise:
Ab 25 Exemplaren gemischt 5% Nachlaß, ab 50 Exemplaren 10% Nachlaß, ab 100 Exemplaren 15% Nachlaß. Nachlässe bei größeren Bestellungen bitte beim Verlag erfragen! Preis zur Zeit der Drucklegung.
Änderungen vorbehalten.